上海市工程建设规范

建筑工程消防施工质量验收标准

Standard for acceptance of construction quality of fire protection in building engineering

DG/TJ 08—2177—2023
J 13342—2024

主编单位：上海建科检验有限公司
　　　　　上海市建设工程安全质量监督总站
批准部门：上海市住房和城乡建设管理委员会
施行日期：2024 年 7 月 1 日

U0363579

同济大学出版社

2024　上海

图书在版编目(CIP)数据

建筑工程消防施工质量验收标准 / 上海建科检验有限公司,上海市建设工程安全质量监督总站主编.—上海:同济大学出版社,2024.6
ISBN 978-7-5765-1165-9

Ⅰ.①建… Ⅱ.①上… ②上… Ⅲ.①建筑工程－防火系统－工程质量－工程验收－标准 Ⅳ.①TU892-65

中国国家版本馆 CIP 数据核字(2024)第 102790 号

建筑工程消防施工质量验收标准

上海建科检验有限公司
上海市建设工程安全质量监督总站　　主编

责任编辑　朱　勇
责任校对　徐春莲
封面设计　陈益平

出版发行　同济大学出版社　　www. tongjipress. com. cn
　　　　　(地址:上海市四平路1239号　邮编:200092　电话:021－65985622)
经　　销　全国各地新华书店
印　　刷　浦江求真印务有限公司
开　　本　889mm×1194mm　1/32
印　　张　7
字　　数　175 000
版　　次　2024 年 6 月第 1 版
印　　次　2024 年 6 月第 1 次印刷
书　　号　ISBN 978-7-5765-1165-9
定　　价　90.00 元

上海市住房和城乡建设管理委员会文件

沪建标定〔2023〕709 号

上海市住房和城乡建设管理委员会
关于批准《建筑工程消防施工质量验收标准》
为上海市工程建设规范的通知

各有关单位：

由上海建科检验有限公司、上海市建设工程安全质量监督总站主编的《建筑工程消防施工质量验收标准》，经我委审核，现批准为上海市工程建设规范，统一编号为 DG/TJ 08—2177—2023，自 2024 年 7 月 1 日起实施，原《建筑工程消防施工质量验收规范》DG/TJ 08—2177—2015 同时废止。

本标准由上海市住房和城乡建设管理委员会负责管理，上海建科检验有限公司负责解释。

上海市住房和城乡建设管理委员会
2023 年 12 月 29 日

前　言

根据上海市住房和城乡建设管理委员会《关于印发〈2021年上海市工程建设规范和建筑标准设计编制计划〉的通知》（沪建标定〔2020〕771号）的要求，由上海建科检验有限公司和上海市建设工程安全质量监督总站会同有关单位，在《建筑工程消防施工质量验收规范》DG/TJ 08—2177—2015 的基础上，广泛征求意见，经反复讨论修订形成本标准。

本标准的主要内容有：总则；术语；基本规定；建筑防火；结构防火；建筑装饰装修；消防给水和水灭火系统；防排烟系统及通风与空调系统；建筑电气；火灾自动报警系统；电梯；其他灭火系统；质量验收；附录 A～G。

本次修订的主要内容包括：

1. 将"建筑与结构"分为"建筑防火"和"结构防火"两章。增加第4章建筑总平和平面布局相关内容。

2. 新增第7章自动跟踪定位射流灭火系统、水喷雾灭火系统施工检验与验收要求；将泡沫灭火系统、细水雾灭火系统的相关内容合并至本章节；修订消火栓及自动喷水灭火系统中设施组件的内容。

3. 修订第8章防排烟系统的系统调试要求，新增自然通风和自然排烟设施的安装与验收要求。

4. 将第9章电气火灾监控系统相关安装验收要求移到第10章火灾自动报警系统。

5. 新增第12章厨房设备灭火装置、探火管灭火装置的验收要求；删除灭火器的相关内容。

6. 修改附录 E 建筑工程消防施工质量验收子分部、分项划分。

各单位及相关人员在执行本标准过程中,请注意总结经验,积累资料,并将有关意见和建议反馈至上海市住房和城乡建设管理委员会(地址:上海市大沽路 100 号;邮编 200003;E-mail:shjsbzgl@163.com),上海建科检验有限公司(地址:上海市申富路 568 号;邮编:201108;E-mail:yaoyumei@sribs.com),上海市建筑建材业市场管理总站(地址:上海市小木桥路 683 号;邮编:200032;E-mail:shgcbz@163.com),以供今后修订时参考。

主 编 单 位:上海建科检验有限公司

上海市建设工程安全质量监督总站

参 编 单 位:上海建科集团股份有限公司

上海市消防救援总队

上海建科消防技术有限公司

上海建科工程咨询有限公司

上海市安装工程集团有限公司

上海建工一建集团有限公司

上海建工二建集团有限公司

同济大学建筑设计研究院(集团)有限公司

应急管理部上海消防研究所

上海同济工程项目管理咨询有限公司

闵行区建筑建材业管理所

浦东新区建设工程安全质量监督站

上海临港新片区建设工程质量安全监督站

松江区建筑建材业管理中心

黄浦区建筑建材业安全质量监督站

主要起草人:周红波　陈　江　杨　波　浦　昊　高月霞

葛　斌　翁益民　姚玉梅　冯静慧　潘文涛

周　涛　王　汇　孙　进　朱　旻　朱　鸣

王莉锋　刘文逸　缪鹏飞　焦玲玲　蔡维维

徐荣梅　陈　隆　吴　帆　黄传泳　王学军

　　　　　 赵　杰　　陶　玲　　刘知凡　　吉　欣　　张余星
　　　　　 郭　猛　　许光明　　李　旻　　诸磊翔　　黄洪斌
　　　　　 刘国磊　　赵建飞　　朱晓明　　徐　放　　梅晓海
　　　　　 车　勇
主要审查人: 王美华　崔晓强　史敏磊　叶耀东　朱　蕾
　　　　　 李　琰　　李云贺

上海市建筑建材业市场管理总站

目　次

Contents

1 总 则

1.0.1 为加强本市建筑工程消防施工质量管理,统一建筑工程消防施工质量的验收,保证建筑工程消防质量,制定本标准。

1.0.2 本标准适用于本市新建、改建、扩建的建筑工程以及装饰装修工程的消防施工质量验收。

1.0.3 建筑工程消防施工质量验收除应符合本标准外,尚应符合国家、行业和本市现行有关标准的规定。

2 术 语

2.0.1 建筑工程 building engineering

通过对各类房屋建筑及其附属设施的建造和与其配套的线路、管道、设备等的安装活动所形成的工程实体。

2.0.2 装饰装修工程 building decoration engineering

为保护建筑物的主体结构、完善建筑物的使用功能和美化建筑物,采用装饰装修材料或饰物,对建筑物的内外表面及空间进行的各种处理的活动形成的工程实体。

2.0.3 消防施工质量 construction quality of fire protection in building engineering

建筑工程实体满足相关消防技术标准、质量验收规范和消防设计文件等要求的特性总和。具体是指建筑防火,结构防火,所用消防产品、具有防火性能要求的建筑材料、构配件和设备合格,隐蔽工程、施工工艺符合要求,并按消防设计文件进行施工和安装调试,消防设施系统功能和运行参数达到设计要求。

2.0.4 消防产品 fire products

专门用于火灾预防、灭火救援和火灾防护、避难、逃生的产品。

2.0.5 消防设施 fire protection facilities

专门用于火灾预防、火灾报警、灭火以及发生火灾时用于人员疏散的火灾自动报警系统、自动灭火系统、消火栓系统、防烟排烟系统以及应急广播和应急照明、防火分隔设施、安全疏散设施等消防系统和设备。

2.0.6 检验批 inspection lot

按相同生产条件或按照规定的方式汇总起来供抽样检验用的,由一定数量样本组成的检验体。

2.0.7 进场检验 site inspection

对进入施工现场的建筑材料、构配件、设备,按照相关标准的要求进行检验,并对其质量、规格及型号等是否符合要求做出确认的活动。

2.0.8 核查质量证明文件 quality certificate documents checking

核查消防产品、具有防火性能要求的建筑材料、建筑构配件和设备的质量证明文件是否符合相关法律法规、技术标准和产业政策的规定。

2.0.9 一致性核查 consistency checking

对消防产品、具有防火性能要求的建筑材料、建筑构配件和设备与型式检验合格样品在产品铭牌标志、产品关键件和材料、产品特性的符合程度等方面开展的检查。产品特性包括产品本身所具有的外观、尺寸、功能及性能方面的特性,以及关键设计、结构、工艺、配方配比等特性。

2.0.10 见证检验 evidential testing

施工单位在监理单位或建设单位的见证下,按照有关规定从施工现场随机抽取试样,送至具备法定条件和相应资质的检验检测机构进行检验的活动。

2.0.11 实体检验 in-site inspection

子分部工程完工后,对涉及建筑工程整体消防安全和使用功能影响较大的建筑构造、重点部位进行现场核对,核查其是否满足消防技术标准、质量验收规范和设计要求所进行的活动。

2.0.12 建筑消防设施检测 testing for fire protection facility of building

由符合从业条件的消防技术服务机构,按照国家标准、行业标准技术要求及工艺流程对建筑工程中的消防设施开展检测,并出具结论性文件所进行的活动。

3 基本规定

3.1 质量管理要求

3.1.1 施工现场应具有消防施工质量管理体系、相应的施工技术标准、施工质量检验制度等。施工现场质量管理的检查,应由总监理工程师(建设单位项目负责人)组织,施工单位参加,并按本标准附录 A 的要求进行记录。

3.1.2 建设单位应有防止相关人员明示或者暗示设计、施工、工程监理、技术服务等单位及其从业人员违反建设工程法律法规和国家工程建设消防技术标准、降低建设工程消防设计、施工质量的程序和措施;未实行监理的建筑工程,应明确相关人员履行本标准涉及的监理职责。

3.1.3 设计单位不得擅自修改经审查合格的消防设计文件。

3.1.4 施工单位应按照建设工程法律法规、国家工程建设消防技术标准,以及经消防设计审查合格或者满足工程需要的消防设计文件组织施工,不得擅自改变消防设计进行施工,降低消防施工质量;按照消防设计要求、施工技术标准和合同约定检验消防产品和具有防火性能要求的建筑材料、建筑构配件和设备的质量,使用合格产品,保证消防施工质量。

3.1.5 监理单位应按照建设工程法律法规、国家工程建设消防技术标准,以及经消防设计审查合格或者满足工程需要的消防设计文件实施工程监理。在消防产品和具有防火性能要求的建筑材料、建筑构配件和设备使用、安装前,核查产品质量证明文件,不得同意使用或者安装不合格的消防产品和防火性能不符合要求的建筑材料、建筑构配件和设备。

3.2 过程质量控制

3.2.1 开工前,建设单位应组织设计单位向施工单位进行消防专项交底,并有设计交底记录。需要进行消防专项深化设计时,设计深度应满足施工要求,且不应降低原设计的消防技术要求。深化设计的图纸完成后,应经原设计单位进行消防技术确认。

3.2.2 施工单位应在施工前编制消防专项施工方案,并经工程监理(建设)单位审查批准;应对施工作业人员进行技术交底和实际操作培训。

3.2.3 消防施工应确保施工所需的消防设计文件等技术资料齐全,消防产品、材料和设备等技术参数符合要求,设备基础、预埋件和预留孔洞等符合相关要求。

3.2.4 消防施工质量控制应符合下列规定:

1 各施工工序应按施工技术标准进行质量控制,每道施工工序完成经施工单位自检符合规定后,才能进行下道工序施工。各专业工种之间的相关工序应进行交接检验,并应记录。

2 对于监理单位提出检查要求的重要工序,应经监理工程师检查认可,才能进行下道工序施工。

3 隐蔽工程在隐蔽前应由施工单位通知建设、监理等有关单位进行验收,并形成验收文件。

3.3 产品、材料和设备

3.3.1 建筑工程使用的消防产品、具有防火性能要求的建筑材料、建筑构配件和设备,应符合国家标准、行业标准和本市现行有关规定。

3.3.2 施工单位应对建筑工程使用的消防产品、具有防火性能要求的建筑材料、建筑构配件和设备进行进场检验,并按本标准附录 B 填写报审表,经监理(建设)单位审查核验合格后方可在施工中使用。进场检验不合格的,严禁在工程中使用。

3.3.3 消防产品的进场检验应包括下列内容:

1 实行强制性产品认证的消防产品,查验其强制认证证书、出厂合格证(或质保书)和型式检验报告。产品应有 CCC 认证标志。实行消防产品身份信息管理的产品,其表面明显部位应有身份信息标志,标志登记的信息应与产品实际一致。

2 实行自愿性产品认证的消防产品,查验其出厂合格证(或质保书)和具有法定条件及相应资质的检验检测机构出具的型式检验报告;如有自愿性认证,还应核查产品自愿性认证证书。

3 对新研制的尚未制定国家标准、行业标准的消防产品,查验其出厂合格证(或质保书)、由具有法定条件和相应资质的消防产品技术鉴定机构出具的技术鉴定报告和型式检验报告。

4 产品包装完好,无受雨淋或破坏现象;无包装的产品表面涂层完整,无碰撞变形及其他机械性损伤,配件的零件附件齐全。

5 设备组件外露接口设有防护堵、盖,且封闭良好,非机械加工表面保护涂层完好,接口螺纹和法兰密封面无损伤,设备的操作机构动作灵活。

6 设备清单、使用说明书完整,铭牌标志清晰、牢固、方向正确。

3.3.4 具有防火性能要求的建筑材料、建筑构配件和设备的进场检验应包括下列内容:

1 查验其产品出厂合格证(或质保书)、由具有法定条件和相应资质的检验检测机构出具的燃烧性能或耐火性能检验检测报告。

2 查验其外观、铭牌、标志、规格型号、材料、生产厂家、产品实物与质量证明文件一致。

3.3.5 建筑工程使用的消防产品、具有防火性能要求的建筑材料、建筑构配件和设备,应按国家、行业、本市的相关标准及本标准各章节和附录 C 的规定进行见证取样检验。

3.4 消防施工质量验收的划分

3.4.1 建筑工程消防施工质量验收,应划分为子分部工程、分项工程和检验批。子分部工程、分项工程的划分,应按照本标准附录 E 执行。

3.4.2 分项工程可由一个或若干个检验批组成,工程量、楼层检验批可根据施工工艺、质量控制和专业需要,按施工段、施工队伍等进行划分。

3.4.3 施工前,应由施工单位制定分项工程和检验批的划分方案,并由监理单位审核。

4 建筑防火

4.1 一般规定

4.1.1 防火封堵施工前准备、施工工序应符合现行国家标准《建筑防火封堵应用技术标准》GB/T 51410 的规定。

4.1.2 常开防火门、防火卷帘、自动排烟窗、活动挡烟垂壁等的调试,应在室内装饰装修及与其关联的分部、分项工程施工结束后进行。

4.1.3 建筑工程应对下列部位或内容进行隐蔽工程验收,并应有详细的文字记录和必要的影像资料:

    1 有耐火极限要求的轻质隔墙、组合楼板的施工。

    2 楼板之间、防火分隔墙体之间、楼板与防火分隔墙体之间等建筑缝隙封堵。

    3 沉降缝、伸缩缝、抗震缝等建筑变形缝封堵。

    4 管道贯穿孔口、电气线路贯穿孔口等贯穿孔口封堵。

    5 防火门、防火窗以及防火卷帘的导轨、箱体等与建筑结构或构件之间的缝隙封堵。

4.2 总平面布局

主控项目

4.2.1 防火间距应符合国家工程建设消防技术标准、经消防设计审查合格或者满足工程需要的消防设计文件的相关要求(以下简称"符合相关要求")。

    检查数量:全数检查。

检查方法：尺量检查。

4.2.2 消防救援口应符合下列规定：

1 消防车登高操作场地对应位置应设置消防救援口；消防救援口的设置位置、数量和间距应符合相关要求。

2 消防救援口应易于从室内和室外打开或破拆；采用玻璃窗时，应选用安全玻璃，并应设置可在室内和室外识别的永久性明显标志。

3 消防救援口的净高度、净宽度应符合相关要求，窗口下沿距室内地面的高度应符合相关要求。

检查数量：全数检查。

检查方法：观察检查、尺量检查。

4.2.3 设置机械加压送风系统并靠外墙或可直通屋面的封闭楼梯间、防烟楼梯间，在楼梯间的顶部或最上一层外墙上应设置常闭式应急排烟窗，且该应急排烟窗应具有手动和联动开启功能。

检查数量：全数检查。

检查方法：观察检查。

4.2.4 消防车道应符合下列规定：

1 消防车道（含穿越车道）的设置位置以及消防车道的净空高度（净高度）、净宽度应符合相关要求。

2 转弯半径应满足消防车转弯的要求。

3 消防车道与建筑外墙的水平距离应满足消防车安全通行的要求。

4 消防车道与建筑消防扑救面之间不应有妨碍消防车操作的障碍物，不应有影响消防车安全作业的架空高压线。

5 消防车道设置形式、坡度、承载力应符合相关要求。

6 环形消防车道至少应有两处与其他车道相通。

7 回车道路或回车场地的设置应符合相关要求。

检查数量：全数检查，每个车道宽度和高度测量点不少于5个。

检查方法:观察检查、尺量检查。

4.2.5 消防车登高操作场地应符合下列规定:

1 消防车登高操作场地设置位置、宽度、长度以及总长度、间距应符合相关要求。

2 场地与建筑之间不应有进深大于 4 m 的裙房及其他妨碍消防车操作的障碍物或影响消防车作业的架空高压电线。

3 场地及其下面的建筑结构、管道、管沟等应满足承受消防车满载时压力的要求。

4 场地的坡度应符合相关要求。

检查数量:全数检查。

检查方法:观察检查、尺量检查、资料核查。

一般项目

4.2.6 消防车登高操作场地两侧应设置"禁止占用消防车登高操作场地"标志,室外地面禁止占用的区域范围划黄色方框线,并在方框线内标注"禁止占用消防车登高操作场地"。

检查数量:全数检查。

检查方法:观察检查、尺量检查。

4.3 防火分区

主控项目

4.3.1 防火分区的位置、建筑面积应符合相关要求。

检查数量:全数检查。

检查方法:尺量检查、资料核查。

4.3.2 防火分区形式、完整性应符合相关要求。

检查数量:全数检查。

检查方法:资料核查、观察检查。

4.4 防火墙、防火隔墙和防火玻璃墙

主控项目

4.4.1 防火墙的设置应符合下列规定：

1 防火墙应直接设置在建筑的基础或具有相应耐火性能的框架、梁等承重结构上，并应从楼地面基层隔断至结构梁、楼板或屋面板的底面。

2 防火墙与建筑外墙、屋顶相交处，防火墙上的门、窗等开口，采取的防止火灾蔓延至防火墙另一侧的措施应符合相关要求。除规范明确不允许开口的防火墙外，其他防火墙上为满足建筑功能要求而设置的开口，应采取能阻止火势和烟气蔓延的措施。

检查数量：全数检查。

检查方法：观察检查、尺量检查、资料核查。

4.4.2 防火墙的耐火极限应符合相关要求。

检查数量：全数检查。

检查方法：观察检查、资料核查。

4.4.3 防火墙内不得设置排气道，严禁可燃气体和甲、乙、丙类液体的管道穿过防火墙。对穿过防火墙的其他管道，应采用防火封堵材料将墙与管道之间的空隙紧密填实；当管道为难燃及可燃材料时，还应在防火墙两侧的管道上采取防火措施。

检查数量：全数检查。

检查方法：观察检查、资料核查。

4.4.4 防火隔墙的设置应符合下列要求：

1 从楼地面基层隔断至梁、楼板或屋面板的底面基层，防火隔墙上的门、窗等开口采取的防止火灾蔓延至防火隔墙另一侧的措施应符合相关要求。

2 住宅分户墙、住宅单元之间的墙体、防火隔墙与建筑外墙、楼板、屋顶相交处，采取的防火封堵措施应符合相关要求。

3 建筑外墙上、下层开口之间的防火措施、在建筑外墙上水平或竖向相邻开口之间的墙体、隔板或防火挑檐等实体分隔结构,其耐火性能均不应低于该建筑外墙的耐火性能要求。住宅建筑外墙上相邻套房开口之间的水平距离或防火措施应符合相关要求。

检查数量:全数检查。

检查方法:观察检查、尺量检查、资料核查。

4.4.5 防火隔墙的燃烧性能和耐火极限应符合相关要求。

检查数量:全数检查。

检查方法:观察检查、资料核查。

4.4.6 采用防火玻璃墙、防火卷帘时,其耐火性能不应低于所在防火分隔部位的耐火性能要求。

检查数量:全数检查。

检查方法:观察检查、资料核查。

一般项目

4.4.7 防火墙两侧的门、窗、洞口之间最近边缘的水平距离应符合相关要求。

检查数量:全数检查。

检查方法:观察检查、尺量检查。

4.4.8 建筑中有耐火极限要求的墙体,当确需采用金属夹芯板材或其他夹芯复合板隔墙等轻质隔墙时,其芯材的燃烧性能以及墙体的耐火极限应符合相关要求。

检查数量:全数检查。

检查方法:观察检查、资料核查。

4.5 防火门、防火窗和防火卷帘

主控项目

4.5.1 防火门、防火窗、防火卷帘进场时应进行进场检验,防火门、防火窗、防火卷帘应在其明显部位设置产品标牌和符合市场准入制度要求的产品标识。

检查数量：全数检查。

检查方法：观察检查、核查质量证明文件、一致性核查。

4.5.2 防火门、防火窗的设置位置、选型、外观、开启方向、安装质量、设置数量和系统功能等，应符合相关要求。

检查数量：全数检查。

检查方法：核查质量证明文件、观察检查。

4.5.3 防火门、防火窗的耐火性能应符合相关要求。

检验数量：全数检查。

检查方法：核查见证取样检验报告。

4.5.4 有疏散要求的防火门，其净宽度应符合相关要求。

检查数量：全数检查。

检查方法：尺量检查。

4.5.5 防火门应具有自行关闭功能（管井检修门和住宅的户门除外）。双扇防火门应具有按顺序自行关闭的功能。防火门在关闭后应具有烟密闭的性能。除特殊情况外，防火门应向疏散方向开启，防火门在关闭后应能从任一侧手动开启。

检查数量：全数检查。

检查方法：观察检查、操作检查。

4.5.6 设置在防火墙、防火隔墙上的防火窗，应采用不可开启的窗扇或具有火灾时自行关闭功能的防火窗。活动式防火窗，现场手动启动防火窗窗扇启闭控制装置时，活动窗扇应灵活开启，并应完全关闭，同时应无启闭卡阻现象；其自动关闭功能及信号反馈情况应符合相关要求。

检查数量：全数检查。

检查方法：观察检查、操作检查。

4.5.7 防火卷帘的耐火性能应符合相关要求。防火卷帘同时符合耐火完整性和耐火隔热性的判定条件时，可不设置自动喷水灭火系统保护;仅符合耐火完整性的判定条件时,应设置自动喷水灭火系统保护。

检查数量:全数检查。

检查方法:观察检查、核查质量证明文件。

4.5.8 防火卷帘的类型、安装位置、安装数量、设置宽度及防火封堵应符合相关要求。

检查数量:全数检查。

检查方法:观察检查、核查质量证明文件、尺量检查。

4.5.9 防火卷帘的帘板(面)、导轨、座板、门楣、箱体、卷门机、控制箱等组件应齐全完好,紧固件无松动现象。门扇各接缝处、导轨、卷筒等缝隙,应有防火防烟封堵措施。防火卷帘、防护罩等与楼板、梁和墙、柱之间的空隙,应采用防火封堵材料等封堵,封堵部位的耐火极限不应低于防火卷帘的耐火极限。

检查数量:全数检查。

检查方法:观察检查。

4.5.10 防火卷帘的系统功能应符合相关要求。

检查数量:全数检查。

检查方法:操作检查。

一般项目

4.5.11 防火门应安装闭门器,双扇和多扇防火门应安装顺序器。防火插销应安装在双扇门或多扇门相对固定一侧的门扇上。常开防火门应安装火灾时能自动关闭门扇的控制、信号反馈装置和现场手动控制装置。

检查数量:全数检查。

检查方法:观察检查、核查质量证明文件。

4.5.12 有密封要求的防火窗,其窗框密封槽内应镶嵌的防火密封件应牢固、完好。钢质或其他金属材质防火窗窗框内应充填水泥砂浆。活动式防火窗窗扇启闭控制装置和温控释放装置的安装应符合设计和产品说明书要求,并应位置明显、便于操作。

检查数量:全数检查。

检查方法:观察检查、核查质量证明文件。

4.5.13 防火卷帘的帘面应平整、光洁,金属零部件的表面应无裂纹、压坑及明显的凹痕或机械损伤。

检查数量:全数检查。

检查方法:观察检查。

4.5.14 防火卷帘的控制器和手动按钮盒应分别安装在防火卷帘内外两侧墙壁的便于识别的位置,底边距地面高度宜为1.3 m～1.5 m,并标出上升、下降、停止等功能。

检查数量:全数检查。

检查方法:观察检查、尺量检查。

4.6 竖井、管线防火和防火封堵

主控项目

4.6.1 竖向井道的设置应符合下列规定:

1 电气竖井、管道井、排烟或通风道、垃圾井等竖井应分别独立设置,井壁的耐火极限应符合相关要求,井壁上检查门的耐火性能应符合相关要求。

2 建筑内的垃圾道排气口应直接开向室外。垃圾斗应采用不燃材料制作,并能自行关闭。

3 电梯井应独立设置,电梯井内不应敷设或穿过可燃气体或甲、乙、丙类液体管道及与电梯运行无关的电线或电缆等。井壁除开设电梯门、安全逃生门和通气孔洞外,不得开设其他开口。

检查数量:全数检查。

检查方法:观察检查、核查质量证明文件。

4.6.2 竖井应在每层楼板处采取防火分隔措施(通风管道井、送风管道井、排烟管道井、必须通风的燃气管道竖井及其他有特殊要求的竖井可不在层间的楼板处分隔除外），且防火封堵组件的耐火性能不应低于楼板的耐火性能要求。

检查数量：全数检查。

检查方法：观察检查、核查质量证明文件。

4.6.3 电气线路和各类管道穿过防火墙、防火隔墙、竖井井壁、建筑变形缝处和楼板处的孔隙应采取防火封堵措施。防火封堵组件的耐火性能不应低于防火分隔部位的耐火性能要求。

检查数量：全数检查。

检查方法：观察检查、核查质量证明文件。

一般项目

4.6.4 通风和空气调节系统的管道、防烟与排烟系统的管道穿过防火墙、防火隔墙、楼板、建筑变形缝处，建筑内未按防火分区独立设置的通风和空气调节系统中的竖向风管与每层水平风管交接的水平管段处，均应采取防止火灾通过管道蔓延至其他防火分隔区域的措施。

检查数量：全数检查。

检查方法：观察检查、核查质量证明文件。

4.6.5 变形缝的填充材料和变形缝的构造基层应采用不燃材料。电缆、电线、可燃气体和甲、乙、丙类液体的管道不宜穿过建筑内的变形缝，确需穿过时，应在穿过处加设不燃材料制作的套管或采取其他防变形措施，并采用防火封堵材料封堵。

检查数量：全数检查。

检查方法：观察检查。

4.6.6 建筑缝隙、贯穿孔口的防火封堵应无脱落、变形、开裂等现象。材料选用、构造做法及防火封堵的宽度、深度、长度等应符合设计和施工要求。

检查数量：每个防火分区抽查建筑缝隙封堵总数的 20%，且不少于5处，每处取5个点。当同类型防火封堵少于5处时，应全部检查。

检查方法：观察检查、尺量检查。

4.7 防烟分区

主控项目

4.7.1 防烟分区的最大允许面积及其长边最大允许长度应符合相关要求。各类挡烟设施处于安装位置时，其底部与顶部之间的垂直高度应符合相关要求。

检查数量：全数检查。

检查方法：尺量检查。

4.7.2 防烟分区的设置位置、形式及完整性应符合相关要求，防烟分区不应跨越防火分区。

检查数量：全数检查。

检查方法：观察检查。

4.7.3 防烟分隔设施的设置应符合相关要求，防烟分隔材料的耐高温性能应符合相关要求。

检查数量：全数检查。

检查方法：核查质量证明文件、观察检查。

4.7.4 挡烟垂壁应进行进场检验，应设置永久性标牌。活动挡烟垂壁的下垂功能应符合相关要求。

检查数量：全数检查。

检查方法：核查质量证明文件、观察检查、操作检查。

一般项目

4.7.5 挡烟垂壁的挡烟高度、单节宽度、搭接宽度等应符合相关要求。

检查数量：全数检查。

检查方法：尺量检查。

4.8 安全疏散与避难

主控项目

4.8.1 安全出口的设置形式、位置、数量应符合相关要求。

检查数量:全数检查。

检查方法:资料核查、观察检查。

4.8.2 安全出口的净宽度、建筑疏散总宽度、安全疏散距离、安全出口之间的距离应符合相关要求。

检查数量:全数检查。

检查方法:资料核查、观察检查、尺量检查。

4.8.3 疏散门的设置应符合下列规定:

1 疏散门的设置位置、相邻两个疏散门之间的水平距离应符合相关要求。

2 建筑内的疏散门、楼梯间的首层疏散门、首层疏散外门的最小净宽度不应小于设计要求;人员密集的公共场所、观众厅的疏散门不应设置门槛,其净宽度不应小于设计要求,且紧靠门口内外各 1.40 m 范围内不应设置踏步。

3 疏散门应采用平开门,不得采用推拉门、卷帘门、吊门、转门和折叠门,应向疏散方向开启。

4 人员密集场所平时需要控制人员随意出入的疏散用门,或设有门禁系统的居住建筑疏散用门,应满足火灾时不需要使用钥匙等任何工具即能从内部易于打开的要求,并在显著位置设置标识和使用提示。

检查数量:全数检查。

检查方法:资料核查、观察检查、尺量检查。

4.8.4 疏散走道的宽度应符合相关要求。两侧应采用一定耐火极限的隔墙与其他部位分隔,隔墙应砌至梁、板底部且不应留缝隙。疏散走道两侧隔墙的耐火极限应符合相关要求。

检查数量:全数检查。

检查方法:资料核查、观察检查、尺量检查。

4.8.5 疏散楼梯的设置应符合下列要求:

1 疏散楼梯的平面布置、净宽度应符合相关要求。疏散楼梯间的设置形式应符合相关要求,敞开楼梯间、封闭楼梯间、防烟楼梯间的设置应符合相关要求。楼梯间疏散门的选型、墙体材质、首层设置、装修材料等应符合相关要求。

2 地下室、半地下室与地上层共用楼梯间的防火分隔措施应符合相关要求。

3 楼梯间前室(合用前室)使用面积和防烟措施应符合相关要求,封闭楼梯间、防烟楼梯间及其前室不应设置卷帘。

4 楼梯间内不应设置烧水间、可燃材料储藏室、垃圾道,不应有影响疏散的凸出物或其他障碍物,楼梯间内穿越管道类型应符合相关要求。

检查数量:全数检查。

检查方法:资料核查、观察检查、尺量检查。

4.8.6 避难层的设置应符合下列规定:

1 避难层的设置位置应符合相关要求。

2 通向避难层的疏散楼梯应使人员在避难层处必须经过避难区上下。除通向避难层的疏散楼梯外,疏散楼梯(间)在各层的平面位置不应改变或应能使人员的疏散路线保持连续。

3 避难区的净面积应符合相关要求。

4 除可布置设备用房外,避难层不应用于其他用途。设备管道的布置应符合相关要求,设置在避难层内的可燃液体管道、可燃或助燃气体管道应集中布置。

5 设备管道区、管道井和设备间与避难区及其他公共区的防火分隔措施应符合相关要求。设备管道区、管道井和设备间与避难区或疏散走道连通时,应设置防火隔间,防火隔间的门应为甲级防火门。

6 避难区防烟措施的设置应符合相关要求,可开启外窗的设置应符合相关要求。

7 避难层应设置消防电梯出口、消火栓、消防软管卷盘、灭火器、消防专线电话和应急广播。在避难层进入楼梯间的入口处和疏散楼梯通向避难层的出口处,均应在明显位置设置标示避难层和楼层位置的灯光指示标识。

8 避难区应至少有一边水平投影位于同一侧的消防车登高操作场地范围内。

检查数量:全数检查。

检查方法:资料核查、观察检查、尺量检查。

4.8.7 避难间的设置应符合下列规定:

1 避难间的设置位置、净面积应符合相关要求。

2 避难间兼作其他用途时,应采取保证人员安全避难的措施。

3 避难间与其他部位分隔的防火分隔措施应符合相关要求。

4 避难间防烟措施的设置应符合相关要求,可开启外窗的设置应符合相关要求。除外窗和疏散门外,避难间不应设置其他开口。

5 避难间内不应敷设或穿过输送可燃液体、可燃或助燃气体的管道。

6 避难间内应设置消防软管卷盘、灭火器、消防专线电话和应急广播。

7 在避难间入口处的明显位置应设置标示避难间的灯光指示标识。

检查数量:全数检查。

检查方法:资料核查、观察检查。

4.8.8 避难走道的设置应符合下列规定:

1 避难走道、避难走道防烟前室的设置位置应符合相关要求。

2 避难走道的净宽度及安全疏散距离应符合相关要求。

3 避难走道的防火分隔措施应符合相关要求。

4 室内开向避难走道前室的防火门以及前室开向避难走道

的防火门应符合相关要求。

5 避难走道顶棚、墙面和地面内部装修材料应采用不燃材料。

6 避难走道内应设置消火栓、消防应急照明、应急广播和消防专线电话。

7 避难走道前室的防烟措施应符合相关要求。

检查数量：全数检查。

检查方法：质量证明文件等资料核查、观察检查、尺量检查。

4.8.9 直升机停机坪应符合下列规定：

1 设置在屋顶平台上时，距离设备机房、电梯机房、水箱间、共用天线等突出物不应小于 5 m。

2 建筑通向停机坪的出口的数量和宽度应符合相关要求。

3 四周应设置航空障碍灯，并应设置应急照明。

4 在停机坪的适当位置应设置消火栓。

检查数量：全数检查。

检查方法：资料核查、尺量检查。

4.9 重点部位和特殊场所

主控项目

4.9.1 消防控制室的设置位置、耐火等级、防火分隔、安全出口、应急照明、管道布置应符合相关要求，且不应设置在电磁场干扰较强及其他可能影响消防控制设备正常工作的房间附近；消防控制室开向建筑内的门应采用乙级防火门；消防控制室疏散门应直通室外或安全出口；消防控制室内不应敷设或穿过与消防控制室无关的管线；消防控制室应采取防水淹、防潮、防啮齿动物等的措施。

检查数量：全数检查。

检查方法：资料核查、观察检查。

4.9.2 消防水泵房的设置位置、耐火等级、防火分隔、安全出口、应急照明应符合相关要求;当消防水泵房远离消防控制中心时,应设有与消防控制中心(值班室)直接联络的通信设备;消防水泵房的疏散门应直通室外或安全出口,开向疏散走道的门应采用甲级防火门;消防水泵房的最低室内环境温度应满足设计要求;消防水泵房应采取防水淹等的措施。

检查数量:全数检查。

检查方法:资料核查、观察检查。

4.9.3 燃油或燃气锅炉、可燃油油浸变压器、充有可燃油的高压电容器和多油开关、柴油发电机房等设备用房的设置应符合下列规定:

1 设备用房的设置位置、与其他部位分隔的防火分隔措施、安全出口的设置应符合相关要求。

2 设备用房与民用建筑贴邻时,应采用防火墙分隔,且不应贴邻建筑中人员密集的场所。附设在建筑内时,当位于人员密集的场所的上一层、下一层或贴邻时,应采取防止设备用房的爆炸作用危及上一层、下一层或相邻场所的措施。

3 储油间与发电机间、锅炉间之间的防火分隔措施应符合相关要求。

4 柴油发电机房的火灾报警装置、灭火设施的设置应符合相关要求。

检查数量:全数检查。

检查方法:资料核查、观察检查。

4.9.4 民用建筑中人员密集的公共场所、歌舞娱乐放映游艺场所、儿童活动场所、老年人照料设施、地下或半地下商店、厨房、手术室等特殊场所的设置位置、平面布置、防火分隔、安全疏散应符合相关要求。

检查数量:全数检查。

检查方法:资料核查、观察检查。

4.9.5 建筑内灭火设备室、通风空气调节机房和变配电室等设备用房的设置位置、防火分隔、防火封堵和安全出口等内容应符合相关要求。

检查数量：全数检查。

检查方法：资料核查、观察检查。

4.9.6 工业建筑中高危险性部位、甲乙类火灾危险性场所、中间仓库以及总控制室、员工宿舍、办公室、休息室等场所的设置位置、平面布置、防火分隔等应符合相关要求。

检查数量：全数检查。

检查方法：资料核查、观察检查。

4.9.7 汽车库、修车库、停车场的选址、总平面布局和平面布置、防火分隔、安全疏散等内容应符合相关要求。充电汽车防火单元的防火分隔措施及安全出口的设置应符合相关要求。

检查数量：全数检查。

检查方法：资料核查、观察检查。

4.9.8 消防控制室防火淹措施的挡水门槛或室内外高差均不应小于 200 mm。

检查数量：全数检查。

检查方法：观察检查、尺量检查。

4.9.9 消防水泵房采用挡水门槛、室内外高差或者设置排水沟等方式防水淹的，挡水门槛或高差不应小于 200 mm。

检查数量：全数检查。

检查方法：观察检查、尺量检查。

4.10 防爆和泄压

主控项目

4.10.1 爆炸危险场所（部位）的设置形式、建筑结构、设置位置、分隔措施应符合相关要求。有爆炸危险的甲、乙类厂房的总控制室应单独设置，分控制室宜独立设置；当贴邻外墙设置时，应采用耐火极限不低于 3.00 h 的防火隔墙与其他部位分隔。有爆炸危险区域的楼梯间,室外楼梯或有爆炸危险的区域与相邻区域连通处,应设置门斗等防护措施。

检查数量:全数检查。

检查方法:资料核查、观察检查。

4.10.2 有爆炸危险的厂房或厂房内有爆炸危险部位、锅炉房和气体灭火防护区等应设置爆炸泄压设施。泄压设施的设置位置、泄压口面积、泄压形式等应符合相关要求。民用建筑内使用天然气的部位应便于通风和防爆泄压。

检查数量:全数检查。

检查方法:资料核查、观察检查、尺量检查。

4.10.3 有爆炸危险的厂房或厂房内的防静电、防积聚、防流散措施应符合相关要求。

检查数量:全数检查。

检查方法:资料核查、观察检查。

4.10.4 使用和生产甲、乙、丙类液体的厂房,其管、沟不应与相邻厂房的管、沟相通,下水道应设置隔油设施。

检查数量:全数检查。

检查方法:资料核查、观察检查。

4.10.5 防爆区域防爆电气设备的类型及线路敷设等应符合相关要求。

检查数量:全数检查。

检查方法:质量证明文件等资料核查、观察检查。

4.10.6 油浸变压器、多油开关室、高压电容器室,应设置防止油品流散的设施。油浸变压器下面应设置能储存变压器全部油量的事故储油设施。

检查数量:全数检查。

检查方法:观察检查。

4.10.7 设置在建筑内的燃油或燃气锅炉房、柴油发电机房,应符合下列规定：

1 燃油或燃气管道在设备间内及进入建筑物前,应分别设置具有自动和手动关闭功能的切断阀。

2 储油间的油箱应密闭且应设置通向室外的通气管,通气管应设置带阻火器的呼吸阀,油箱的下部应设置防止油品流散的设施。

3 建筑内单间储油间的燃油储存量不应大于 1 m。油箱的通气管设置应满足防火要求,油箱的下部应设置防止油品流散的设施。柴油机的排烟管、柴油机房的通风管、与储油间无关的电气线路等,不应穿过储油间和使用燃气的场所。

检查数量:全数检查。

检查方法:观察检查。

5 结构防火

5.1 一般规定

5.1.1 钢结构防火保护应在钢结构施工过程中进行,涂装前应进行基层处理。钢结构防火涂料涂装工程施工质量,应按照现行国家标准《钢结构工程施工质量验收规范》GB 50205 的要求进行检查和记录。

5.1.2 木构件的阻燃处理应由具有专业资质的企业施工,并按不同构件类别、耐火极限和截面尺寸选择阻燃剂和防护工艺。对于长期暴露在潮湿环境下的木构件,尚应采取防止阻燃剂流失的措施。

5.1.3 建筑结构应对下列部位或内容进行隐蔽工程验收,并应有详细的文字记录和必要的影像资料:

    1 混凝土结构、钢结构防火涂料涂装(包括基层处理)。

    2 墙体施工(含消火栓暗装部位)。

    3 木结构阻燃处理。

5.2 混凝土结构耐火

主控项目

5.2.1 结构承重墙、非承重墙、防火墙、柱、梁、楼板、屋顶承重构件、疏散楼梯等混凝土结构(含型钢混凝土结构)耐火等级应符合相关要求。

    检查数量:全数检查。

    检查方法:资料核查、观察并检查施工记录、尺量检查。

5.2.2 非承重外墙、房间隔墙、防火墙砌体结构耐火等级应符合相关要求。

检查数量：全数检查。

检查方法：资料核查、观察并检查施工记录、尺量检查。

一般项目

5.2.3 有耐火要求的混凝土结构尺寸应符合相关要求。

检查数量：全数检查。

检查方法：观察并检查施工记录、尺量检查。

5.2.4 有耐火要求的砌体结构厚度应符合相关要求。

检查数量：全数检查。

检查方法：观察并检查施工记录、尺量检查。

5.3 钢结构防火

主控项目

5.3.1 防火保护材料的进场检验应符合下列规定：

1 防火保护材料的类型、质量应符合设计及国家现行产品标准的相关规定。

检查数量：全数检查。

检查方法：核查质量证明文件。

2 预应力钢结构、跨度大于或等于 60 m 的大跨度钢结构、高度大于或等于 100 m 的高层建筑钢结构所采用的防火涂料、防火板、毡状防火材料等防火保护材料，在材料进场后，应对其隔热性能进行见证取样检验。

检查数量：按施工进货的生产批次确定，每批次应抽检 1 次。

检查方法：核查见证取样检验报告。

5.3.2 防火涂料涂装前应检查防腐涂装施工质量，钢材表面防腐涂装应满足设计要求，并应符合现行国家标准《钢结构工程施工质量验收标准》GB 50205 的相关规定。

检查数量:全数检查。

检查方法:检查施工记录表。

5.3.3 钢结构防火涂料的涂层厚度及耐火性能应满足国家现行标准的要求,防火涂料施工过程应按照本标准附录 D 中表 D.0.1 记录。

检查数量:按照构件数抽查 10%,且同类构件不应少于 3 件。

检查方法:仪器测量。

5.3.4 防火板保护层的厚度应符合相关要求。

检查数量:按同类构件基数抽查 10%,且不应少于 3 件。

检查方法:尺量检查。

5.3.5 柔性毡状材料防火保护层的厚度应符合相关要求。

检查数量:按同类构件基数抽查 10%,且不应少于 3 件。

检查方法:针刺、尺量检查。

5.3.6 混凝土保护层、砂浆保护层和砌体保护层的厚度应符合相关要求。

检查数量:按同类构件基数抽查 10%,且不应少于 3 件。

检查方法:尺量检查。

一般项目

5.3.7 防火涂层不应有误涂、漏涂,涂层应闭合且无脱层、空鼓、明显凹陷、粉化松散和浮浆等外观缺陷,乳突应剔除。

检查数量:全数检查。

检查方法:观察检查。

5.3.8 防火板安装应牢固稳定、封闭良好;防火板的安装龙骨、支撑固定件应固定牢固,现场拉拔强度应符合相关要求。

检查数量:按同类构件数抽查 10%,且不应少于 3 件。

检查方法:观察检查,现场手搿检查,查验进场检验记录、现场拉拔检测报告。

5.3.9 防火板表面应平整,无裂痕、缺损和泛出物。有装饰要求的防火板表面应洁净、色泽一致、无明显划痕。

检查数量:全数检查。

检查方法:观察检查。

5.3.10 柔性毡状材料防火保护层应拼缝严实、规则,同层错缝、上下层压缝;表面应平整、错缝整齐,并应作严缝处理。

检查数量:按同类构件基数抽查10%,且不应少于3件。

检查方法:观察检查、尺量检查。

5.3.11 柔性毡状材料防火保护层的固定支撑件应垂直于钢构件表面牢固安装,安装间距应符合相关要求,且间距应均匀。

检查数量:按同类构件基数抽查10%,且不应少于3件。

检查方法:观察检查、尺量检查、手搣检查。

5.3.12 混凝土保护层的表面应平整,无明显的孔洞、缺损、裂痕等缺陷。

检查数量:全数检查。

检查方法:观察检查。

5.3.13 砂浆保护层表面的裂纹宽度不应大于1 mm,且1 m长度内不得多于3条;砌体保护层应同层错缝、上下层压缝,边缘应整齐。

检查数量:按同类构件基数抽查10%,且不应少于3件。

检查方法:观察检查、尺量检查。

5.4 木结构防火

主控项目

5.4.1 木结构的阻燃处理应符合下列规定:

1 经浸渍阻燃处理的木构件,阻燃剂吸收量应符合相关要求。

2 采用喷涂法施工的木构件,防火涂层厚度均匀且平均厚度不小于其质量证明文件的规定值。

检查数量：全数检查。

检查方法：核查质量证明文件、检查施工记录。

5.4.2 木结构外部采用防火石膏板等包覆时，包覆材料的防火性能应有合格证书，厚度应符合相关要求。

检查数量：全数检查。

检查方法：核查质量证明文件、尺量检查。

5.4.3 埋设或穿越木结构的各类管道敷设应符合下列规定：

1 管道外壁温度达到 120℃ 及以上时，管道和管道的包覆材料及施工时使用的胶粘剂等均应采用不燃材料。

2 管道外壁温度在 120℃ 以下时，管道和管道的包覆材料等应采用不燃或难燃材料。

检查数量：全数检查。

检查方法：核查质量证明文件、观察检查。

一般项目

5.4.4 墙体和顶棚采用石膏板作覆面板并兼作防火材料时，紧固件（钉子或木螺钉）贯入构件的深度应符合现行国家标准《木结构工程施工质量验收规范》GB 50206 的相关规定。

检查数量：按同类构件基数抽查 10%，且不应少于 10 处。

检查方法：检查施工记录。

5.5 其他结构防火

主控项目

5.5.1 铝合金结构的防火保护措施应符合相关要求。

检查数量：全数检查。

检查方法：核查质量证明文件。

5.5.2 膜结构和与之相连的部分的防火分隔措施应符合相关要求。

　　检查数量:全数检查。

　　检查方法:观察检查、资料核查。

6 建筑装饰装修

6.1 一般规定

6.1.1 建筑幕墙的防火应符合相关要求。

6.1.2 室内装饰装修施工应符合下列规定：

  1 不得影响消防设施的使用功能。

  2 建筑装饰装修工程所用材料的燃烧性能应符合相关要求。

  3 现场进行阻燃处理时，应检查阻燃剂的用量、适用范围、操作方法。阻燃施工过程中，应使用计量合格的称量器具，并严格按照使用说明书的要求进行施工。

6.1.3 建筑装饰装修工程应对下列部位或内容进行隐蔽工程验收，并应有详细的文字记录和必要的影像资料：

  1 幕墙与各层楼板、防火分隔、实体墙面洞口边缘间隙处的防火封堵。

  2 建筑屋面、围护结构保温层施工。

  3 现场阻燃处理。

  4 防火隔离带施工。

6.2 室内装饰装修

主控项目

6.2.1 室内装饰装修不应擅自减少、改动、拆除、遮挡消防设施或器材及其标识、疏散指示标志、疏散出口、疏散走道或疏散横通道等。

检查数量:全数检查。

检查方法:观察检查。

6.2.2 建筑内部装修不应减少安全出口、疏散出口和疏散走道设计所需的净宽度和数量。

检查数量:全数检查。

检查方法:尺量检查、观察检查。

6.2.3 有耐火性能要求的隔墙所用材料及构造形式应符合相关要求。

检查数量:全数检查。

检查方法:观察检查、核查质量证明文件。

6.2.4 装饰装修材料的燃烧性能应符合相关要求。

检查数量:全数检查。

检查方法:核查质量证明文件。

6.2.5 下列材料的燃烧性能,应进行见证取样检验:

1 顶棚使用的难燃性材料及经现场阻燃处理的可燃材料。

2 隔断使用的材料及经现场阻燃处理的可燃材料。

3 墙面使用的防火板材、吸音、软包等难燃性材料及经现场阻燃处理的可燃材料。

4 铺地使用的地面铺装材料。

5 窗帘、幕布类装饰织物,经现场阻燃处理的纺织织物。

6 PVC 电线套管。

7 隔热、保温使用的平板材料、管状材料。

8 饰面型防火涂料。

9 其他装饰装修材料。

检查数量:不同种类和规格材料见证取样检验不少于 1 批次。

检查方法:核查见证取样检验报告。

6.2.6 采用阻火圈的部位,不得对阻火圈进行包裹,阻火圈应安装牢固。

　　检查数量:全数检查。

　　检查方法:观察并检查施工记录。

6.3　外墙装饰

主控项目

6.3.1　建筑外墙上、下层开口之间、住宅建筑外墙上相邻户开口之间的防火措施应符合相关要求。

　　检查数量:全数检查。

　　检查方法:资料核查、尺量检查。

6.3.2　建筑外墙的装饰层应采用不燃材料,但建筑高度不大于50 m时,可采用难燃材料。

　　检查数量:全数检查。

　　检查方法:核查质量证明文件。

6.3.3　户外电子发光广告牌不得直接设置在有可燃、难燃材料的墙体上。

　　检查数量:全数检查。

　　检查方法:核查质量证明文件。

6.4　建筑幕墙

主控项目

6.4.1　幕墙与各层楼板、防火分隔、实体墙面洞口边缘的间隙处,应设置防火封堵。

　　检查数量:全数检查。

　　检查方法:观察检查。

6.4.2　玻璃幕墙与建筑楼层边沿处的防火措施应符合下列要求:

1 楼层边沿应有高度不小于 1.2 m 的实体墙。当室内设置自动喷水灭火系统时,实体墙高度不应小于 0.8 m。幕墙与实体墙的上、下沿口应分别设置水平的防火封堵。

2 玻璃幕墙与楼板边缘实体墙的封堵间距不宜大于 200 mm。

3 防火封堵构造措施不能替代楼层边沿的实体墙、防火玻璃墙和防火挑檐。

4 在未采取有效的防火分隔措施时,同一块幕墙玻璃板块不应跨越建筑物上下、左右相邻的防火分区。

检查数量:全数检查。

检查方法:观察检查。

6.4.3 当玻璃幕墙有耐火性能要求时,应符合相关要求。

检查数量:全数检查。

检查方法:资料核查、观察检查。

6.4.4 幕墙面板材料、填充材料的燃烧性能应符合相关要求。

检查数量:全数检查。

检查方法:核查质量证明文件。

一般项目

6.4.5 双层幕墙的设置应符合相关要求。

检查数量:全数检查。

检查方法:观察检查。

6.5 建筑屋面

主控项目

6.5.1 建筑屋面保温材料的燃烧性能应符合相关要求。

检查数量:屋面面积每 100 m^2 抽查 1 处,每处应为 10 m^2,且不得少于 3 处。

检查方法:核查质量证明文件、观察检查。

6.5.2 建筑屋面保温材料的燃烧性能应进行见证取样检验。

检查数量:同厂家、同品种产品,扣除天窗、采光顶的屋面面积后不超过 1 000 m² 时应取样 1 次。当面积不少于 1 000 m² 时,每增加 2 000 m² 应增加 1 次;超过 5 000 m² 时,每增加 3 000 m² 应增加 1 次;增加的面积不足规定数量时也应增加 1 次。

检查方法:核查见证取样检验报告。

6.5.3 建筑屋面与防火墙交界处屋面的防火构造应符合相关要求。

检查数量:全数检查。

检查方法:观察检查。

6.5.4 建筑屋面与外墙交界处、屋面开口部位四周的保温层采用防火隔离带时,其构造应符合相关要求。

检查数量:全数检查。

检查方法:观察检查。

6.5.5 建筑屋面与防火墙交界处两侧的窗、洞口、玻璃采光顶等,其设置位置应符合相关要求。

检查数量:全数检查。

检查方法:观察检查。

6.5.6 建筑屋面防水层(或可燃保温层)的覆盖层,其构造应符合相关要求。

检查数量:全数检查。

检查方法:观察检查。

6.5.7 可熔性采光带(窗)性能、设置位置、面积应符合相关要求。

检查数量:全数检查。

检查方法:核查出厂检验报告、产品合格证,观察检查。

6.6 围护系统保温

主控项目

6.6.1 墙体保温材料(系统)的燃烧性能应符合相关要求。

检查数量:全数检查。

检查方法:核查质量证明文件、观察检查。

6.6.2 墙体保温材料的燃烧性能应进行见证取样检验。

检查数量:同厂家、同品种产品,去除门窗洞后的保温墙面面积不超过 5 000 m^2 时应取样 1 次;当面积不少于 5 000 m^2 时,每增加 10 000 m^2 应增加 1 次;增加的面积不足规定数量时也应增加 1 次。同工程项目、同施工单位且同时施工的多个单位工程(群体建筑),可合并计算抽检面积。

检查方法:核查见证取样检验报告。

6.6.3 建筑外墙采用保温材料与两侧墙体构成无空腔复合保温结构体时,该结构体的耐火极限应符合相关要求;当保温材料的燃烧性能为 B_1、B_2 级时,保温材料两侧不燃性结构的厚度均不应小于 50 mm。

检查数量:全数检查。

检查方法:核查质量证明文件、尺量检查。

6.6.4 防火隔离带的设置位置和构造形式应符合相关要求,防火隔离带与墙面应进行全面积粘贴。

检查数量:全数检查。

检查方法:观察检查、尺量检查。

6.6.5 施工产生的墙体缺口,如穿墙套管、脚手架眼、孔洞、外门窗框或附框与洞口之间的间隙等穿过 B_1 级及以下的保温材料时,应采用不燃材料保护。

检查数量:全数检查。

检查方法:核查隐蔽工程验收记录。

7 消防给水和水灭火系统

7.1 一般规定

7.1.1 消防给水和水灭火系统施工应符合相关要求。

7.1.2 消防给水和水灭火系统应对下列部位或内容进行隐蔽工程验收，并应有详细的文字记录和必要的影像资料：

  1 封闭井道、吊顶内管道的安装。

  2 涉及埋地、密闭空间或难以进行现场检查与验收的内容。

7.2 材料设备进场

主控项目

7.2.1 消防给水和水灭火系统所用的主要设备、系统组件等应符合相关要求。

  检查数量：全数检查。

  检查方法：核查质量证明文件、观察检查。

7.2.2 消防给水和水灭火系统所用的管材管件等应符合相关要求。

  检查数量：全数检查。

  检查方法：核查质量证明文件、观察检查。

一般项目

7.2.3 消防给水和水灭火系统所用的通用产品等应符合相关要求。

  检查数量：全数检查。

检查方法:核查质量证明文件、观察检查。

7.3 消防水源

主控项目

7.3.1 当市政给水管网连续供水时,消防给水系统可采用市政给水管网直接供水,但应至少有2条不同的市政给水干管且从干管上应有不少于2条引入管向消防给水系统供水。

检查数量:全数检查。

检查方法:资料核查。

7.3.2 供消防车取水的天然水源或消防水池的安装施工应符合下列规定:

    1 天然水源取水口的设置应符合相关要求,吸水高度不应大于6.0 m,且应有防止冰凌、漂浮物、悬浮物等物质堵塞消防水泵的技术措施。

    2 消防水池出水管或水泵吸水管应满足最低有效水位出水不掺气的技术要求。

    3 消防水池和消防水箱的水位、出水量、有效容积、安装位置应符合相关要求。

    4 消防水池应设置就地水位显示装置,并应在消防控制中心或值班室等地点设置显示消防水池水位的装置,同时应有最高和高低报警水位。

检查数量:全数检查。

检查方法:尺量检查、观察检查。

一般项目

7.3.3 消防水池安装时,池外壁与建筑本体结构墙面或其他池壁之间的净距应满足施工或装配的需要。

检查数量:全数检查。

检查方法:尺量检查、观察检查。

7.4 供水设施

主控项目

7.4.1 消防水泵的安装应符合现行国家标准《机械设备安装工程施工及验收通用规范》GB 50231、《压缩机、风机、泵安装工程施工及验收规范》GB 50275 的有关规定,并应符合下列规定:

1 消防水泵应整体安装在基础上,并应固定牢固。消防水泵的隔振装置、进出水管柔性接头的安装应符合相关要求,立式水泵的减振装置不应采用弹簧减振器。

2 消防水泵在基础固定及进出口管道安装完毕后,应对联轴器重新校中。

检查数量:全数检查。

检查方法:尺量检查、观察检查。

7.4.2 消防水泵吸水管及其附件的安装应符合下列规定:

1 进水管吸水口处设置滤网时,滤网架的安装应牢固;滤网应便于清洗。吸水管上的过滤器应顺水流方向安装在控制阀后。

2 吸水管水平管段上不应有积气和漏气现象;变径连接时,应采用偏心异径管件并应采用管顶平接。

3 消防水泵的吸水管上应设置明杆闸阀或带自锁装置的蝶阀,但当设置暗杆阀门时应设有开启刻度和标志;当管径超过DN300 时,宜设置电动阀门。

4 消防水泵的吸水管穿越消防水池时,应采用柔性套管;采用刚性防水套管时,应在水泵吸水管上设置柔性接头,且管径不应大于DN150。

检查数量:全数检查。

检查方法:尺量检查、观察检查。

7.4.3 消防稳压泵应由消防给水管网或气压水罐上设置的消防稳压泵自动启停泵压力开关或压力变送器控制。

检查数量:全数检查。

检查方法:观察检查。

7.4.4 消防气压水罐及其配套给水设备的安装应符合下列规定:

1 气压水罐有效容积、气压、水位及设计压力应符合相关要求。

2 出水管上应设止回阀。

检查数量:全数检查。

检查方法:尺量检查、观察检查。

7.4.5 消防水泵控制柜及其机械应急启动柜的安装应符合下列规定:

1 控制柜基座的水平度误差应不大于±2 mm,并应采取防腐及防水措施。

2 控制柜与基座应采用不小于 φ12 mm 的螺栓固定,每只柜不应少于4根螺栓。

3 安装前应核对控制柜及启动柜的防护等级;做控制柜及启动柜的进出线口时,不应破坏控制柜及启动柜的防护等级。

检查数量:全数检查。

检查方法:核查质量证明文件、观察检查。

7.4.6 消防水泵接合器的安装应符合下列规定:

1 消防水泵接合器的设置位置和安装应符合相关要求。

2 消防水泵接合器永久性固定标志应能识别其所对应的消防给水系统或水灭火系统;当有分区时,应有分区标识。

检查数量:全数检查。

检查方法:资料核查、尺量检查、观察检查。

7.4.7 消防气压给水设备上的安全阀、压力表、泄水管、水位指示器、压力控制仪表等的安装应符合产品使用说明书的要求。

检查数量:全数检查。

检查方法:尺量检查、观察检查。

7.4.8 消防水泵接合器阀门井的砌筑应有防水和排水措施。

检查数量:全数检查。

检查方法:观察检查。

7.5 消火栓灭火系统

主控项目

7.5.1 消防供水管道直接与市政供水管、生活供水管连接时,其连接处倒流防止阀的安装应符合相关要求。

检查数量:全数检查。

检查方法:观察检查。

7.5.2 钢丝网骨架塑料复合管材、管件电熔连接应符合下列规定:

1 电熔连接机具输出电流、电压应稳定,并应符合电熔连接工艺要求。

2 电熔连接机具与电熔管件应正确连通。连接时,通电加热的电压和加热时间应符合电熔连接机具和电熔管件生产企业的规定。

3 电熔连接冷却期间,不应移动连接件或在连接件上施加任何外力。

检查数量:按数量抽查 30%,且不应少于 10 件。

检查方法:观察检查。

7.5.3 室外埋地管采用球墨铸铁或钢管时,除应符合现行国家

标准《给水排水管道工程施工及验收规范》GB 50268 的有关规定外,尚应符合下列规定:

1 埋地管道安装前应进行防腐处理,安装时不应损坏防腐层。

2 埋地管道采用焊接时,焊缝部位应在试压合格后进行防腐处理。

检查数量:按数量抽查 30%,且不应少于 10 件。

检查方法:观察检查。

7.5.4 消火栓箱、室内消火栓及消防软管卷盘的安装应符合下列规定:

1 消火栓应设置在箱门开启侧,消火栓的启闭阀门设置位置应便于操作使用且开启后不应影响人员疏散。

2 箱体安装应平正、牢固、便于操作,暗装的消火栓箱不应破坏墙体的耐火性能。

3 箱门的开启不应小于 120°。

4 汽车库内消火栓的设置不应影响汽车的通行和车位的设置,并应确保消火栓的开启,不应安装在人防门扇开启后的背面。

5 箱门上应注明"消火栓"字样,字体颜色与底面颜色应有明显差异且清晰可见。

检查数量:按数量抽查 30%,且不应少于 10 件。

检查方法:观察检查。

7.5.5 试验消火栓设置位置应符合相关要求,试验消火栓的压力表应安装在栓前的管道上。

检查数量:全数检查。

检查方法:观察检查。

7.5.6 消火栓按钮的安装应符合相关要求,并应设有防潮湿和误动作的设施。

检查数量:按数量抽查 30%,且不应小于 10 个。

检查方法:观察检查。

7.5.7 室外消火栓的安装应符合下列规定：

1 规格、型号及安装位置应符合相关要求。

2 室外消火栓大出水口应朝向消防车道、消防车登高操作场地等。

检查数量：按数量抽查 30%，且不应小于 10 个。

检查方法：尺量检查、观察检查。

7.5.8 管道局部可能发生冰冻时，其防冻技术措施应符合相关要求。

检查数量：全数检查。

检查方法：观察检查。

7.5.9 室外消火栓、阀门井等设置位置应有相应的永久性固定标识。

检查数量：全数检查。

检查方法：观察检查。

7.6　自动喷水灭火系统

主控项目

7.6.1 报警阀组的安装应在供水管网试压、冲洗合格后进行，安装报警阀组的室内地面应有排水设施，排水能力应满足报警阀调试、验收和利用试水阀门泄空系统管道的要求。

检查数量：全数检查。

检查方法：尺量检查、观察检查、检查施工记录。

7.6.2 报警阀组附件的安装应符合下列规定：

1 压力表应安装在报警阀上便于观测的位置。

2 排水管和试验阀应安装在便于操作的位置。

3 水源控制阀安装应便于操作，且应有明显开闭标志和可靠的锁定设施。

检查数量:全数检查。

检查方法:观察检查。

7.6.3 湿式报警阀组的安装应符合下列规定:

1 应使报警阀前后的管道中能顺利充满水;压力波动时,水力警铃不应发生误报警。

2 报警水流通路上的过滤器应安装在延迟器前且便于排渣操作的位置。

检查数量:全数检查。

检查方法:操作检查、观察检查。

7.6.4 干式报警阀组的安装应符合下列规定:

1 应安装在不发生冰冻的场所。

2 安装完成后,应向报警阀气室注入高度为 50 mm～100 mm 的清水。

3 充气连接管接口应在报警阀气室充注水位以上部位,且充气连接管的直径不应小于 15 mm;止回阀、截止阀应安装在充气连接管上。

检查数量:全数检查。

检查方法:尺量检查、观察检查。

7.6.5 雨淋阀组开启控制装置的安装应安全可靠。水传动管的安装应符合湿式系统有关要求。

检查数量:全数检查。

检查方法:观察检查。

7.6.6 压力开关应竖直安装在通往水力警铃的管道上,且不应拆装改动。

检查数量:全数检查。

检查方法:观察检查。

7.6.7 水力警铃应安装在公共通道或值班室附近的外墙上,且应安装检修、测试用的阀门。安装后的水力警铃启动时,警铃声强度不应小于 70 dB。

检查数量:全数检查。

检查方法:观察检查、尺量检查、操作检查。

7.6.8 喷头安装应在系统试压、冲洗合格后进行。

检查数量:全数检查。

检查方法:检查施工记录。

7.6.9 水流指示器应使电器元件部位竖直安装在水平管道上侧,其动作方向应与水流方向一致;安装后的水流指示器桨片、膜片应动作灵活,不应与管壁发生碰擦。

检查数量:全数检查。

检查方法:观察检查、操作检查。

7.6.10 控制阀的安装方向应正确,控制阀内应清洁、无堵塞、无渗漏;主要控制阀应设启闭标志,隐蔽处的控制阀应在明显处设有指示其位置的标志。

检查数量:全数检查。

检查方法:观察检查。

7.6.11 末端试水装置和试水阀的安装位置应便于检查、试验,并应有相应排水能力的排水设施。

检查数量:全数检查。

检查方法:观察检查。

一般项目

7.6.12 当喷头的公称直径小于 10 mm 时,应在配水干管或配水管上安装过滤器。

检查数量:全数检查。

检查方法:观察检查。

7.6.13 信号阀应安装在水流指示器前的管道上,与水流指示器之间的距离不宜小于 300 mm。

检查数量:全数检查。

检查方法:尺量检查、观察检查。

7.6.14 自动排气阀、倒流防止器的安装应在系统管网试压和冲洗合格后进行;排气阀应安装在配水干管顶部、配水管的末端,且应确保无渗漏;不应在倒流防止器的进口前安装过滤器或者使用带过滤器的倒流防止器。

检查数量:全数检查。

检查方法:观察检查。

7.6.15 压力开关、信号阀、水流指示器的引出线应用防水套管锁定。

检查数量:全数检查。

检查方法:观察检查。

7.7 自动跟踪定位射流灭火系统

主控项目

7.7.1 探测装置的安装应符合下列规定:

1 探测装置的安装不应产生探测盲区。

2 探测装置及配线金属管或线槽应做接地保护,接地应牢靠并有明显标志。

3 进入探测装置的电缆或导线应配线整齐、固定牢固,电缆线芯和导线的端部均应标明编号。

检查数量:全数检查。

检查方法:操作检查、观察检查。

7.7.2 灭火装置的安装应在管道试压、冲洗合格后进行。

1 安装应固定可靠;安装后,其在设计规定的水平和俯仰回转范围内不应与周围的构件触碰。

2 与灭火装置连接的管线应安装牢固,且不得阻碍回转机构的运动。

检查数量:全数检查。

检查方法:观察检查。

7.7.3 控制装置的安装应牢固可靠,并具有安全可靠的接地保护。

检查数量:全数检查。

检查方法:观察检查。

一般项目

7.7.4 模拟末端试水装置的安装应符合下列规定:

1 模拟末端试水装置的压力表、试水阀应设置在便于人员观察与操作的高度。

2 模拟末端试水装置的出水应采取间接排水方式,且安装位置处应具备良好的排水能力。

检查数量:全数检查。

检查方法:观察检查。

7.8 固定消防炮灭火系统

主控项目

7.8.1 固定消防炮的安装应符合下列规定:

1 安装位置应符合相关要求,且应在供水管线系统试压、冲洗合格后进行。

2 消防炮的立管应固定可靠并垂直安装。

3 消防炮回转范围应与防护区相对应,炮口应朝向防护对象,且不应有影响喷射的障碍物。

4 与消防炮连接的电、液、气管线应安装牢固,且不得影响回转机构。

检查数量:全数检查。

检查方法:观察检查。

一般项目

7.8.2 固定消防炮、阀门井等设置位置应有相应的永久性固定标识。

检查数量：全数检查。

检查方法：观察检查。

7.9 水喷雾灭火系统

主控项目

7.9.1 喷头的安装应符合下列规定：

1 喷头应在系统试压、冲洗、吹扫合格后进行安装。

2 喷头应安装牢固、规整，安装时不得拆卸或损坏喷头上的附件。

3 侧向安装的喷头应安装在被保护物体的侧面并应对准被保护物体，其距离偏差不应大于 20 mm。

检查数量：按数量抽查 20％，且不应小于 10 处。

检查方法：尺量检查。

一般项目

7.9.2 雨淋报警阀组等设置位置应有相应的永久性固定标识。

检查数量：全数检查。

检查方法：观察检查。

7.10 细水雾灭火系统

主控项目

7.10.1 储水瓶组、储气瓶组的安装应符合下列规定：

1 应按设计要求确定瓶组的安装位置。

2 瓶组的安装、固定和支撑应稳固，且固定支框架应进行防腐处理。

3 瓶组容器上的压力表应朝向操作面，安装高度和方向应一致。

　　检查数量：全数检查。

　　检查方法：尺量检查、观察检查。

7.10.2　阀组的安装除应符合现行国家标准《工业金属管道工程施工规范》GB 50235 的有关规定外，尚应符合下列规定：

　　1　应便于观测和操作。阀组上的启闭标志应便于识别，控制阀上应设置标明所控制防护区的永久性标志牌。

　　2　分区控制阀的安装高度宜为 1.2 m～1.6 m，操作面与墙或其他设备的距离不应小于 0.8 m，并应满足安全操作要求。

　　3　分区控制阀应有明显启闭标志和可靠的锁定设施，并应具有启闭状态的信号反馈功能。

　　检查数量：全数检查。

　　检查方法：尺量检查、观察检查。

一般项目

7.10.3　闭式系统试水阀的安装位置应便于安全的检查、试验。

　　检查数量：全数检查。

　　检查方法：尺量检查、观察检查、操作检查。

7.11　泡沫灭火系统

主控项目

7.11.1　泡沫液储罐的安装位置和高度应符合相关要求。

　　检查数量：全数检查。

　　检查方法：尺量检查、观察检查。

7.11.2　泡沫液压力储罐安装时，支架应与基础牢固固定，且不应拆卸和损坏配管、附件；储罐的安全阀出口不应朝向操作面。

　　检查数量：全数检查。

　　检查方法：观察检查。

7.11.3 泡沫液储罐上应设置铭牌,并应标识泡沫液种类、型号、出厂日期和灌装日期、有效期及储量等内容。不同种类、不同牌号的泡沫液不得混存。

检查数量:全数检查。

检查方法:观察检查。

7.12 系统试压和冲洗

主控项目

7.12.1 管网安装完毕后,必须对其进行强度试验、严密性试验和冲洗,并应符合相关要求。

检查数量:全数检查。

检查方法:操作检查。

7.12.2 气压试验应符合下列规定:

1 气压严密性试验压力应为 0.28 MPa,且稳压 24 h,压力降不应大于 0.01 MPa。

2 气压试验的介质宜采用空气或氮气。

检查数量:全数检查。

检查方法:操作检查。

7.12.3 水压试验应符合下列规定:

1 水压强度试验应符合相关要求。

2 水压强度试验的测试点应设在系统管网的最低点。对管网注水时,应将管网内的空气排净,并应缓慢升压,达到试验压力稳压 30 min 后,管网应无泄漏、无变形,且压力降不应大于 0.05 MPa。

3 水压严密性试验应在水压强度试验和管网冲洗合格后进行。试验压力应为设计工作压力,稳压 24 h 应无泄漏。

4 水压试验时环境温度不宜低于 5℃；当低于 5℃时，水压试验应采取防冻措施。

检查数量：全数检查。

检查方法：操作检查、观察检查。

7.12.4 管网试压合格后宜分区、分段进行冲洗，并做好记录。

检查数量：全数检查。

检查方法：操作检查、观察检查。

7.13 系统调试

主控项目

7.13.1 消防水泵的调试应符合下列规定：

1 以自动直接启动或手动直接启动消防水泵时，消防水泵应在 55 s 内投入正常运行，且应无不良噪声和振动。

2 以备用电源切换方式或备用泵切换启动消防水泵时，消防水泵应分别在 1 min 或 2 min 内投入正常运行。

3 消防水泵与备用泵应在设计负荷下进行运行试验，其主要性能应与生产厂商提供的数据相符，并应符合设计流量和压力的要求。

4 消防水泵零流量时的压力不应超过设计工作压力的 140%；当出流量为设计工作流量的 150%时，其出口压力不应低于设计工作压力的 65%。

检查数量：全数检查。

检查方法：操作检查、观察检查。

7.13.2 消防稳压泵的调试应按设计要求进行。当达到设计启动条件时，消防稳压泵应立即启动；当达到系统停泵压力时，消防稳压泵应自动停止运行。消防稳压泵在正常工作时每小时的启停次数应符合相关要求，且不应大于 15 次/h。

检查数量：全数检查。

检查方法:观察检查。

7.13.3 控制柜调试和测试应符合下列规定:

1 应首先空载调试控制柜的控制功能,并应对各个控制程序进行试验验证。

2 当空载调试合格后,应加负载调试控制柜的控制功能,并应对各个负载电流的状况进行试验检测和验证。

3 应检查显示功能,并应对电压、电流、故障、声光报警等功能进行试验检测和验证。

4 应调试自动巡检功能,并应对各泵的巡检动作、时间、周期、频率和转速等进行试验检测和验证。

5 应试验消防水泵出水干管上设置的压力开关、高位消防水箱出水管上的流量开关或报警阀压力开关等开关信号直接自动启动消防水泵功能;试验其他强制启泵功能包括消防控制室或值班室手动直接启泵。

6 应具备双电源切换及水泵故障切换功能,双路电源自动切换时间不应大于 2 s,当一路电源时与内燃机动力的切换时间不应大于 15 s。

检查数量:全数检查。

检查方法:操作检查、观察检查。

7.13.4 消防水泵接合器的供水能力应符合相关要求,并应通过移动式消防水泵供水进行试验验证。

检查数量:全数检查。

检查方法:操作检查、观察检查。

7.13.5 报警阀组的调试应符合下列规定:

1 湿式报警阀调试时,在试水装置处放水,当湿式报警阀进口水压大于 0.14 MPa、放水流量大于 1 L/s 时,报警阀应及时启动;带延迟器的水力警铃应在 5 s～90 s 内发出报警铃声,不带延迟器的水力警铃应在 15 s 内发出报警铃声;压力开关应及时动作,并反馈信号。

2 干式报警阀调试时,开启系统试验阀,报警阀的启动时间、启动点压力、水流到试验装置出口所需时间,均应符合相关要求。

3 自动和手动方式启动的雨淋阀,应在 15 s 之内启动;公称直径大于 200 mm 的雨淋阀调试时,应在 60 s 之内启动。雨淋阀调试,当报警水压为 0.05 MPa 时,水力警铃应发出报警铃声。

检查数量:全数检查。

检查方法:操作检查、观察检查。

7.13.6 减压阀的调试应符合下列规定:

1 减压阀的阀前阀后动静压力应满足设计要求。

2 减压阀的出流量应满足设计要求;当出流量为设计流量的 150% 时,阀后动压不应小于额定设计工作压力的 65%。

3 减压阀在小流量、设计流量和设计流量的 150% 时不应出现噪声明显增加。

检查数量:全数检查。

检查方法:操作检查、观察检查。

7.13.7 室内消火栓系统流量、压力的测试应符合下列规定:

1 取屋顶试验消火栓进行试射试验,压力应符合相关要求。

2 检查室内消火栓系统每层栓口的静水压力和出水压力,应符合相关要求的范围。在超压的消火栓系统中,应设置减压装置。

检查数量:全数检查。

检查方法:操作检查、观察检查。

7.13.8 室外消火栓流量、压力测试时,模拟设计工况,开启相应的室外消火栓并达到设计流量,水枪出水压力应符合相关要求。

检查数量:全数检查。

检查方法:操作检查、观察检查。

7.13.9 固定消防炮流量、压力测试时,模拟设计工况,分别手动和自动开启相应的消防炮,出水压力和喷射范围应符合相关要求。

检查数量:全数检查。

检查方法:操作检查、观察检查。

7.13.10 自动喷水灭火系统、水喷雾系统的流量、压力测试应符合下列规定:

1 闭式自动喷水灭火系统末端试水装置联动调试时,其工作压力应符合相关要求。

2 雨淋系统、水幕系统、水喷雾系统的现场条件允许时,应进行喷放试验。

3 报警阀与管网之间的供水干管上,按设计要求有系统流量压力检测装置时,应进行流量压力测试。

检查数量:全数检查。

检查方法:操作检查、观察检查。

7.13.11 系统联锁控制的调试方法及要求应符合下列规定:

1 消防水泵应由消防水泵出水干管上设置的压力开关、高位消防水箱出水管上的流量开关或报警阀压力开关等开关信号直接自动启动。将系统处于正常工作状态,选择开启室内消火栓、末端试水装置、湿式报警阀的排水阀、消防水泵出水管的试水阀等阀门,当达到设计启动条件时,消防水泵应按设计的联锁控制条件启动。

2 干式消火栓系统及快速启闭装置功能联动试验,当打开1个消火栓或模拟1个消火栓的排气量排气时,干式报警阀(电动阀/电磁阀)应及时启动,压力开关应发出信号或联锁启动消防水泵,水力警铃动作应发出机械报警信号。

3 固定消防炮灭火系统的联动控制功能调试时,按设计的启动控制条件进行模拟,该控制单元应打开阀门等相关设备,设备的动作与信息反馈应符合相关要求。

4 湿式自动喷水灭火系统系统的联动试验,启动1个喷头或以 0.94 L/s~1.50 L/s 的流量从末端试水装置处放水时,水流指示器、报警阀、压力开关、水力警铃和消防水泵等应及时动作，并发出相应的信号。

    5 干式自动喷水灭火系统的联动试验，启动 1 个喷头或模拟 1 个喷头的排气量排气时，报警阀应及时启动，压力开关、水力警铃动作并发出相应信号。

    6 预作用系统、雨淋系统、水幕系统、水喷雾系统的联动试验，可采用专用测试仪表或其他方式，对火灾自动报警系统的各种探测器输入模拟火灾信号，火灾自动报警控制器应发出声光报警信号并启动自动喷水灭火系统；采用传动管启动的雨淋系统、水幕系统联动试验时，启动 1 个喷头，雨淋阀打开，压力开关动作，水泵启动。

    7 消防水泵从接到启泵信号到水泵正常运转的自动启动时间不应大于 2 min。

    检查数量：全数检查。

    检查方法：操作检查、观察检查。

7.13.12 系统排水设施的检查和调试应符合下列规定：

    1 消防水泵房、报警阀组、末端试水装置、试水阀和泄水阀等部位的排水措施、排水能力应符合相关要求。

    2 系统调试过程中，排出的水应通过排水设施全部排走。

    检查数量：全数检查。

    检查方法：操作检查、观察检查。

一般项目

7.13.13 按设计要求设置消火栓按钮时，应测试消火栓启泵按钮发出的信号能及时传输至消控中心，并实现联动启泵功能。

    检查数量：全数检查。

    检查方法：操作检查、观察检查。

7.13.14 系统调试完成后，应在消防水泵控制柜面板、消防水泵、报警阀组、消防水泵房内各类控制阀门上制作铭牌、标识或标牌,标明消防水泵控制柜、消防水泵、报警阀组、控制阀门或按钮所控制区域的名称、阀门的常开(常闭)状态等。

　　检查数量:全数检查。

　　检查方法:操作检查、观察检查。

8 防排烟系统及通风与空调系统

8.1 一般规定

8.1.1 防排烟系统及通风与空调系统的施工应符合相关要求。

8.1.2 防排烟系统应对下列部位或内容进行隐蔽工程验收,并应有详细的文字记录和必要的影像资料:

    1 封闭井道、吊顶内风管的安装。

    2 风管穿越隔墙、楼板的封堵。

8.2 材料设备进场

主控项目

8.2.1 风管材料的品种、规格、厚度等应符合相关要求。当采用金属风管且设计无要求时,钢板或镀锌钢板的厚度应符合有关规定。

    检查数量:按数量抽查 10%,且不得少于 5 件。

    检查方法:核查质量证明文件、尺量检查、观察检查。

8.2.2 风管材料的燃烧性能应符合下列要求:

    1 防排烟系统的风管应采用不燃材料制作且内壁应光滑。

    2 通风与空调系统的风管应采用不燃材料,但下列情况除外:接触腐蚀性介质的风管和柔性接头可采用难燃材料;体育馆、展览馆、候机(车、船)建筑(厅)等大空间建筑,单、多层办公建筑和丙、丁、戊类厂房内通风与空气调节系统的风管,当不跨越防火分区且在穿越房间隔墙处设置防火阀时,可采用难燃材料。

    3 复合材料风管的覆面材料必须采用不燃材料,内层的绝热材料应采用不燃或难燃且对人体无害的材料。

检查数量:全数检查。

检查方法:核查质量证明文件、尺量检查、观察检查。

8.2.3 有耐火极限要求的风管的本体、框架与固定材料、密封垫料等必须为不燃材料,风管的耐火极限应符合相关要求。

检查数量:按数量抽查10%,且不应少于5件。

检查方法:核查质量证明文件、观察检查、操作检查。

8.2.4 防排烟系统中各类阀(口)应符合下列规定:

1 防火阀、排烟防火阀或排烟阀等消防产品和排烟口、送风口应符合相关要求,手动开启灵活、关闭可靠严密。

2 防火阀、送风口和排烟阀或排烟口等的驱动装置,动作应可靠,在系统最大工作压力下工作正常。

检查数量:按数量抽查10%,且不得少于2个。

检查方法:核查质量证明文件、观察检查、操作检查。

8.2.5 防排烟系统柔性短管的制作材料必须为不燃材料。

检查数量:全数检查。

检查方法:核查质量证明文件、观察检查、操作检查。

8.2.6 通风与空调系统的绝热材料、用于加湿器的加湿材料、消声材料及其粘结剂,宜采用不燃材料;确有困难时,可采用难燃材料。

检查数量:全数检查。

检查方法:核查质量证明文件、观察检查。

8.2.7 风机应符合相关要求,出口方向应正确。

检查数量:全数检查。

检查方法:核查质量证明文件、观察检查。

8.2.8 活动挡烟垂壁及其电动驱动装置和控制装置应符合相关要求,动作可靠。

检查数量:按数量抽查10%,且不得少于1件。

检查方法:核查质量证明文件、观察检查、操作检查。

8.2.9 自动排烟窗的驱动装置和控制装置应符合相关要求,动作可靠。

检查数量:按数量抽查 10%,且不得少于 1 件。

检查方法:核查质量证明文件、观察检查、操作检查。

8.3 风管制作及安装

主控项目

8.3.1 金属风管的制作和连接应符合下列规定:

1 风管采用法兰连接时,风管法兰材料规格、螺栓规格应符合相关要求。微压、低压与中压系统风管法兰的螺栓及铆钉孔的孔距不得大于 150 mm;高压系统风管不得大于 100 mm。矩形风管法兰四角处应设有螺孔。

2 板材应采用咬口连接或铆接,除镀锌钢板及含有复合保护层的钢板外,板厚大于 1.5 mm 的可采用焊接。

3 风管应以板材连接的密封为主,可辅以密封胶嵌缝或其他方法密封,密封面宜设在风管的正压侧。

4 无法兰连接风管的薄钢板法兰高度及连接应符合现行国家标准《建筑防烟排烟系统技术标准》GB 51251 的有关规定。

5 排烟风管的隔热层应采用厚度不小于 40 mm 的不燃绝热材料,绝热材料的施工及风管加固、导流片的设置应符合现行国家标准《通风与空调工程施工质量验收规范》GB 50243 及现行行业标准《通风管道技术规程》JGJ/T 141 的有关规定。

检查数量:按数量抽查 30%。

检查方法:尺量检查、观察检查。

8.3.2 非金属风管的制作和连接应符合下列规定:

1 法兰的规格、螺栓孔的间距应符合相关标准规定;矩形风管法兰的四角处应设有螺孔。

2 采用套管连接时,套管厚度不得小于风管板材的厚度。

3 无机玻璃钢风管的玻璃布必须无碱或中碱,层数应符合现行国家标准《通风与空调工程施工质量验收规范》GB 50243 的有关规定,风管的表面不得出现泛卤或严重泛霜。

检查数量:按数量抽查 30%。

检查方法:尺量检查、观察检查。

8.3.3 风管应按系统类别进行强度和严密性检验,并应符合下列规定:

1 风管强度应符合现行行业标准《通风管道技术规程》JGJ/T 141 的有关规定。

2 金属矩形风管的允许漏风量应符合现行国家标准《建筑防烟排烟系统技术标准》GB 51251 的有关规定。

3 金属圆形风管、非金属风管的允许漏风量应为金属矩形风管规定值的 50%。

4 排烟风管应符合中压系统风管的规定。

检查数量:按数量抽查,且不少于 3 件及 15 m^2。

检查方法:核查质量证明文件、观察检查、操作检查,检查产品合格证明文件和测试报告或进行测试。系统的强度和漏风量测试方法应符合现行行业标准《通风管道技术规程》JGJ/T 141 的有关规定。

8.3.4 风管的安装应符合下列规定:

1 风管的规格、安装位置、标高、走向应符合相关要求,且现场风管的安装不得缩小接口的有效截面。

2 风管接口的连接应严密、牢固,垫片厚度不应小于 3 mm,不应凸入管内和法兰外;防排烟风管法兰垫片应为不燃材料,薄钢板法兰风管应采用螺栓连接。

3 风管支、吊架的安装应符合现行国家标准《通风与空调工程施工质量验收规范》GB 50243 的有关规定。

4 风管与风机的连接宜采用法兰连接,或采用不燃材料的柔性短管连接;当风机仅用于防烟、排烟时,不宜采用柔性连接。

5 风管与风机连接若有转弯处宜加装导流叶片,保证气流顺畅。

6 当风管穿过需要封闭的防火、防爆的墙体或楼板时,必须设置厚度不小于 1.6 mm 的钢制防护套管;风管与防护套管之间应采用不燃柔性材料封堵严密。

7 吊顶内的排烟管道应采用不燃材料隔热,并应与可燃物保持不小于 150 mm 的距离。

检查数量:按数量抽查 30%。

检查方法:资料核查、尺量检查、观察检查。

8.3.5 风管(道)系统安装完毕后,应按系统类别进行严密性检验,检验应以主、干管道为主,漏风量应符合设计与现行国家标准《建筑防烟排烟系统技术标准》GB 51251 的有关规定。

检查数量:按数量抽查 30%,且不少于 1 个系统。

检查方法:操作检查。

8.4 部件安装

主控项目

8.4.1 排烟防火阀的安装应符合下列规定:

1 型号、规格及安装的方向、位置应符合相关要求。

2 阀门应顺气流方向关闭,防火分区隔墙两侧的排烟防火阀距墙端面不应大于 200 mm。

3 手动和电动装置应灵活、可靠,阀门关闭严密。

4 应设独立的支、吊架;当风管采用不燃材料防火隔热时,阀门安装处应有明显标识。

检查数量:按数量抽查 30%。

检查方法:尺量检查、观察检查、操作检查。

8.4.2 防火阀的安装位置、方向应正确;位于防火分区隔墙两侧的防火阀,距墙表面不应大于 200 mm。直径或长边尺寸大于或等于 630 mm 的防火阀,应设独立的支、吊架。

检查数量:按数量抽查 30%。

检查方法:尺量检查、观察检查。

8.4.3 送风口、排烟阀或排烟口的安装位置应符合标准和设计要求,并应固定牢靠,表面平整、不变形,调节灵活;排烟口应设在储烟仓内,但走道、室内空间净高度不大于 3 m 的区域,其排烟口可设置在其净空高度的 1/2 以上;排烟口距可燃物或可燃构件的距离不应小于 1.5 m。

检查数量:按数量抽查 30%。

检查方法:尺量检查、观察检查。

8.4.4 常闭送风口、排烟阀或排烟口的手动驱动装置应固定安装在明显可见、距楼地面 1.3 m～1.5 m 之间便于操作的位置,预埋套管不得有死弯及瘪陷,手动驱动装置操作应灵活、无卡涩等现象。

检查数量:按数量抽查 30%。

检查方法:尺量检查、观察检查、操作检查。

8.4.5 挡烟垂壁的安装应符合下列规定:

1 型号、规格、下垂的长度和安装位置应符合相关要求。

2 活动挡烟垂壁与建筑结构(柱或墙)面的缝隙不应大于 60 mm,由 2 块或 2 块以上的挡烟垂帘组成的连续性挡烟垂壁,各块之间不应有缝隙,搭接宽度不应小于 100 mm。

3 活动挡烟垂壁的手动操作按钮应固定安装在距楼地面 1.3 m～1.5 m 之间便于操作、明显可见处。

检查数量:全数检查。

检查方法:资料核查、尺量检查、操作检查。

8.4.6 排烟窗的安装应符合下列规定:

1 型号、规格和安装位置应符合相关要求。

2 安装应牢固、可靠,符合有关门窗施工验收规范要求,并应开启、关闭灵活。

3 自然排烟窗（口）应设置手动开启装置，应便于操作、明显可见，并应操作灵活、可靠设置；在高位不便于直接开启的自然排烟窗（口），应设置距地面高度 1.3 m～1.5 m 的手动开启装置；净空高度大于 9 m 的中庭、建筑面积大于 2 000 m² 的营业厅、展览厅、多功能厅等场所，尚应设置集中手动开启装置和自动开启设施，且宜设置在该场所的人员疏散口附近。

4 自动排烟窗驱动装置的安装应符合设计和产品技术文件要求，并应灵活、可靠。

检查数量：全数检查。

检查方法：资料核查、操作检查、尺量检查。

8.5 风机安装

主控项目

8.5.1 防排烟风机应设在混凝土或钢架基础上，且不应设置减振装置；当排烟系统与通风空调系统共用且需要设置减振装置时，不应使用橡胶减振装置。

检查数量：全数检查。

检查方法：资料核查、观察检查。

一般项目

8.5.2 送风机的进风口与排烟风机的出风口不应设在同一面上。当必须设在同一面时，应分开布置，且竖向布置时，送风机的进风口应设置在排烟出口的下方，其二者边缘最小垂直距离不应小于 6 m；水平布置时，二者边缘最小水平距离不应小于 20 m。

检查数量：全数检查。

检查方法：观察检查、尺量检查。

8.5.3 风机外壳至墙壁或其他设备的距离不应小于 600 mm。

检查数量：全数检查。

检查方法:尺量检查。

8.5.4 吊装风机的支、吊架应焊接牢固、安装可靠,其结构形式和外形尺寸应符合设计或设备技术文件要求。

检查数量:全数检查。

检查方法:资料核查、观察检查、尺量检查。

8.5.5 风机驱动装置的外露部位应装设防护罩;直通大气的进、出风口应装设防护网或采取其他安全设施,并应设防雨措施。

检查数量:全数检查。

检查方法:观察检查。

8.6 系统调试

主控项目

8.6.1 排烟防火阀的调试方法及要求应符合下列规定:

1 进行手动关闭、复位试验,阀门动作应灵敏、可靠,关闭应严密。

2 模拟火灾,相应区域火灾报警后,同一防火分区内非相应防烟分区排烟管道上的其他阀门应联动关闭。

3 阀门关闭后的状态信号应能反馈到消防控制室。

4 排烟风机入口前的排烟防火阀在 280℃时应自行关闭,并应连锁关闭该排烟风机和补风机。

检查数量:全数检查。

检查方法:观察检查、操作检查。

8.6.2 常闭送风口、排烟阀或排烟口的调试方法及要求应符合下列规定:

1 进行手动开启、复位试验,阀门动作应灵敏、可靠,远距离控制机构的脱扣钢丝连接不应松弛、脱落。

2 模拟火灾,相应区域火灾报警后,同一防火分区的常闭送风口和相应防烟分区内的排烟阀或排烟口应联动开启。

3 常闭送风口、排烟阀或排烟口开启后的状态信号应能反馈到消防控制室。

4 常闭送风口、排烟阀或排烟口开启时,加压风机、排烟风机和补风机自动启动,相对应的补风口自动开启。

检查数量:全数检查。

检查方法:观察检查、操作检查。

8.6.3 活动挡烟垂壁的调试方法及要求应符合下列规定:

1 手动操作挡烟垂壁按钮进行开启、复位试验,挡烟垂壁应灵敏、可靠地启动与到位后停止,下降高度应符合相关要求。

2 模拟火灾,相应区域火灾报警后,同一防烟分区内挡烟垂壁应在 60 s 内联动下降到设计高度。

3 挡烟垂壁下降到设计高度后应能将状态信号反馈到消防控制室。

检查数量:全数检查。

检查方法:仪器测量、观察检查、操作检查。

8.6.4 自动排烟窗的调试方法及要求应符合下列规定:

1 切断主动力源供应线路,关闭控制箱,手动操作现场应急手动开启装置,进行 3 次开启、关闭试验,排烟窗动作应灵敏、可靠,并能开启到设计位置。

2 模拟火灾,相应区域火灾报警后,同一防烟分区内排烟窗应能联动开启;完全开启时间应在 60 s 内或小于烟气充满储烟仓时间内。

3 与消防控制室联动的排烟窗完全开启后,状态信号应反馈到消防控制室。

检查数量:全数检查。

检查方法:仪器测量、观察检查、操作检查。

8.6.5 手动排烟窗应进行设备单机调试,手动操作排烟窗开启装置或就近按钮,各进行 3 次开启、关闭试验,排烟窗动作应灵敏、可靠,并能开启到设计位置。

检查数量:全数检查。

检查方法:仪器测量、观察检查、操作检查。

8.6.6 送风机、排烟风机调试方法及要求应符合下列规定:

1 手动开启风机,风机应正常运转 2.0 h,叶轮旋转方向应正确、运转平稳、无异常振动与声响。

2 应核对风机的铭牌值,并应测定风机的风量、风压、电流和电压,其结果应与设计相符。

3 应能在消防控制室手动控制风机的启动、停止,风机的启动、停止状态信号应能反馈到消防控制室。

4 当风机进、出风管上安装单向风阀或电动风阀时,风阀的开启与关闭应与风机的启动、停止同步。

检查数量:全数检查。

检查方法:仪器测量、观察检查、操作检查。

8.6.7 机械加压送风系统风速及余压的调试方法及要求应符合下列规定:

1 应选取送风系统末端所对应的送风最不利的 3 个连续楼层模拟起火层及其上、下层,封闭避难层(间)仅需选取本层,调试送风系统使上述楼层的楼梯间、前室及封闭避难层(间)的风压值及疏散门的门洞断面风速值与设计值的允许偏差为±10%。

2 对楼梯间和前室的调试应单独分别进行,且互不影响。

3 调试楼梯间和前室疏散门的门洞断面风速时,设计疏散门开启的楼层数量应符合相关要求。

检查数量:全数检查。

检查方法:仪器测量、观察检查、操作检查。

8.6.8 机械排烟系统风速和风量的调试方法及要求应符合下列规定:

1 应根据设计模式,开启排烟风机和相应的排烟阀或排烟口,调试排烟系统使排烟阀或排烟口处的风速值及排烟量值达到设计要求。

2 开启排烟系统的同时,还应开启补风机和相应的补风口,调试补风系统使补风口处的风速值及补风量值达到设计要求。

3 应测试每个风口风速,核算每个风口的风量及其防烟分区总风量。

检查数量:全数检查。

检查方法:仪器测量、观察检查、操作检查。

8.6.9 机械加压送风系统的联动调试方法及要求应符合下列规定:

1 当任何一个常闭送风口开启时,相应的送风机均应能自动启动,其状态信号应反馈到消防控制室。

2 与火灾自动报警系统联动调试时,当火灾自动报警探测器发出火警信号后,应在 15 s 内启动与设计要求一致的送风口、送风机,且其联动启动方式应符合现行国家标准《火灾自动报警系统设计规范》GB 50116 的规定,其状态信号应反馈到消防控制室。

检查数量:全数检查。

检查方法:仪器测量、观察检查、操作检查。

8.6.10 机械排烟系统的联动调试方法及要求应符合下列规定:

1 当任何一个常闭排烟阀或排烟口开启时,排烟风机均应能自动启动,其状态信号应反馈到消防控制室。

2 应与火灾自动报警系统联动调试。当火灾自动报警系统发出火警信号后,机械排烟系统应启动有关部位的排烟阀或排烟口、排烟风机;启动的排烟阀或排烟口、排烟风机应与设计和标准要求一致,其状态信号应反馈到消防控制室。

3 有补风要求的机械排烟场所,当火灾确认后,补风系统应启动。

4 排烟系统与通风、空调系统合用,当火灾自动报警系统发出火警信号后,由通风、空调系统转换为排烟系统的时间应符合现行国家标准《建筑防烟排烟系统技术标准》GB 51251 的有关规定。

检查数量:全数检查。

检查方法:仪器测量、观察检查、操作检查。

8.6.11 自动排烟窗的联动调试方法及要求应符合下列规定:

1 自动排烟窗应在火灾自动报警系统发出火警信号后联动开启到符合要求的位置。

2 动作状态信号应反馈到消防控制室。

检查数量:全数检查。

检查方法:仪器测量、观察检查、操作检查。

8.6.12 活动挡烟垂壁的联动调试方法及要求应符合下列规定:

1 活动挡烟垂壁应在火灾报警后联动下降到设计高度。

2 动作状态信号应反馈到消防控制室。

检查数量:全数检查。

检查方法:仪器测量、观察检查、操作检查。

9 建筑电气

9.1 一般规定

9.1.1 建筑电气、消防应急照明和疏散指示系统的施工应符合相关要求。

9.1.2 敷设在竖井内穿楼板处和穿越不同防火分区的梯架、托盘和槽盒,以及电缆出入电缆沟、竖井、建筑物、柜(盘)、台处等部位的防火封堵措施,应符合相关要求和本标准第4.6节的有关规定。

9.1.3 应对各类隐蔽施工的消防配电线路进行隐蔽工程验收,并应有详细的文字记录和必要的影像资料。

9.2 材料设备进场

主控项目

9.2.1 电线、电缆、耐火电缆槽盒、耐火母线槽、消防应急照明和疏散指示系统设备、组件、应急供电电源柜、导管应进行进场检验。

检查数量:全数检查。

检查方法:核查质量证明文件、观察检查。

9.2.2 耐火电缆和矿物绝缘电缆线间和线对地间的绝缘电阻应符合国家产品技术标准的规定,电缆的中间连接附件的耐火等级不应低于电缆本体的耐火等级。

检查数量:全数检查。

检查方法:资料核查。

9.3 消防电源及其配电

主控项目

9.3.1 消防用电负荷的供电电源应符合相关要求。应急电源与正常电源之间应有防止并列运行的措施。

检查数量:全数检查。

检查方法:资料检查、核查施工记录。

9.3.2 消防用电设备应采用专用的供电回路。当非消防负荷用电被切断时,仍应保证消防用电。

检查数量:全数检查。

检查方法:资料检查、观察检查。

9.3.3 自备发电机应符合相关要求。当采用自备发电机兼作建筑物内的应急电源时,应能在火灾发生时,自动切除该自备发电机所带的非消防设备的供电。自动启动方式时应在 30 s 内实现正常供电。

检查数量:全数检查。

检查方法:资料核查、操作检查。

9.3.4 EPS 应急电源装置应符合下列规定:

1 额定输出功率不应小于所连接的应急照明负荷总容量的 1.3 倍。

2 用作人员密集场所的疏散照明电源装置时,切换时间不应大于 0.25 s,其他场所切换时间不应大于 5 s。

检查数量:全数检查。

检查方法:资料核查、操作检查、仪器测量。

9.3.5 应急电源装置的调试方法和要求应符合下列规定:

1 输入回路断路器的超载或短路电流应符合相关要求。

2 各输出回路的带载量不应超过应急电源装置的额定最大输出功率。

3 蓄电池备用时间及应急电源装置的容许过载能力应符合相关要求。

4 控制回路的动作试验应符合相关要求。

检查数量：全数检查。

检查方法：资料核查、操作检查、仪器测量。

9.3.6 消防应急照明和疏散指示系统的备用电源的连续供电时间应符合相关要求。

检查数量：全数检查。

检查方法：资料核查、操作检查、仪器测量。

9.3.7 设置于机房、泵房、配电间等场所的末端消防配电（控制）箱，宜采取隔热保护措施。设置于其他场所的末端消防配电（控制）箱，应采取隔热保护措施。

检查数量：全数检查。

检查方法：观察检查。

9.3.8 消防控制室、消防水泵房、防烟与排烟风机房、消防应急照明和疏散指示系统的消防用电设备及消防电梯等的末端切换装置的设置和功能应符合相关要求。

检查数量：全数检查。

检查方法：资料核查、观察检查、操作检查。

9.3.9 消防用电设备的配电线路应满足火灾时连续供电的需要，其敷设应符合下列规定：

1 暗敷设时，应穿管并应敷设在不燃烧体结构内，保护层厚度不应小于 30 mm；明敷设时（包括敷设在吊顶内），应穿金属管或封闭式金属线槽，并应采取防火保护措施。

2 当采用阻燃或耐火电缆并敷设在电缆井、电缆沟内时，可不采取防火保护措施。

3 当采用矿物绝缘类不燃性电缆时，可直接敷设。

4 宜与其他配电线路分开敷设；当敷设在同一井沟内时，宜分别布置在井沟的两侧。

检查数量：全数检查。

检查方法：资料核查、观察检查、仪器测量。

一般项目

9.3.10 消防配电设备、线路应有明显标志。

检查数量：全数检查。

检查方法：观察检查。

9.4 电力线路及电器装置

主控项目

9.4.1 配电线路的安装应符合下列规定：

1 配电线路不得穿越通风管道内腔或直接敷设在通风管道外壁上，穿金属管保护的配电线路可紧贴通风管道外壁敷设。

2 配电线路敷设在有可燃物的闷顶、吊顶内时，应采取穿金属管、金属槽盒等防火保护措施。

3 电力电缆不应和输送甲、乙、丙类液体管道、可燃气体管道、热力管道敷设在同一管沟内。

4 电力线缆和智能化线缆不应共用同一导管或电缆桥架布线。

检查数量：全数检查。

检查方法：资料核查、操作核查。

9.4.2 集中供电的应急照明线路在非燃烧体内穿钢导管暗敷或穿钢导管明敷时，暗敷钢导管保护层厚度不应小于 30 mm，明敷钢导管外壁应有防火保护。

检查数量：全数检查。

检查方法：资料核查、尺量检查。

9.4.3 电缆的敷设和排布应符合相关要求。矿物绝缘电缆敷设在温度变化大或振动场所或穿越建筑物变形缝时，应采取"S"或

"Ω"弯。

检查数量：全数检查。

检查方法：观察检查。

9.4.4 除塑料护套线外，绝缘导线应有导管或槽盒保护，不可外露明敷。

检查数量：全数检查。

检查方法：观察检查。

9.4.5 空调、普通照明等有消防联动切断要求的系统或设备，其配电箱内带分励脱扣装置的断路器的安装和功能调试应符合相关要求。

检查数量：全数检查。

检查方法：观察检查。

9.4.6 爆炸和火灾危险环境电力线路和电气装置的安装应符合现行国家标准《爆炸和火灾危险环境电气装置施工及验收规范》GB 50257 的有关规定。

检查数量：全数检查。

检查方法：资料核查、观察检查。

9.4.7 卤钨灯、高压钠灯、金属卤灯光源的功率超过 60W 时，不应直接安装在可燃装修材料或可燃构件上。

检查数量：全数检查。

检查方法：观察检查。

9.4.8 灯具表面及其附件的高温部位靠近可燃物时，应采取隔热、散热等防火保护措施。除敞开式灯具外，其他各类灯具灯泡容量在 100 W 及以上者，引入线应采用瓷管、矿棉等不燃材料作隔热保护。

检查数量：全数检查。

检查方法：观察检查。

9.4.9 聚光灯和类似灯具出光口面与被照物体的最短距离应符合产品技术文件要求。

检查数量:全数检查。

检查方法:资料核查、尺量检查。

9.4.10 高压钠灯、金属卤化物灯的电源线应经接线柱连接,不应使电源线靠近灯具表面。

检查数量:全数检查。

检查方法:资料核查、尺量检查、观察检查。

9.4.11 可燃材料仓库内宜使用低温照明灯具,并应对灯具的发热部件采取隔热等防火保护措施;不应设置卤钨灯等高温照明灯具。配电箱及开关宜设置在仓库外。

检查数量:全数检查。

检查方法:观察检查。

9.4.12 塑料电工套管的施工应符合下列规定:

1 B_2 级塑料电工套管不得明敷。

2 B_1 级塑料电工套管明敷时,应明敷在不燃材料表面。

3 穿过 B_1 级及以下的装修材料时,应采用不燃材料或防火封堵密封件严密封堵。

检查数量:全数检查。

检查方法:观察并检查施工记录。

一般项目

9.4.13 装于装饰面上的插座或开关,导线不得裸露在装饰层内。

检查数量:全数检查。

检查方法:观察检查。

9.5 消防应急照明和疏散指示系统

主控项目

9.5.1 消防应急灯具安装后不应影响人员正常通行;消防应急疏散指示标志灯周围应无其他遮挡物。

检查数量：全数检查。

检查方法：观察检查。

9.5.2 消防应急灯具的各种状态指示灯应易于观察，试验按钮（开关）应便于操作。

检查数量：全数检查。

检查方法：观察检查。

9.5.3 消防应急标志灯的安装应符合下列规定：

1 标志灯的标志面宜垂直于疏散方向；带有疏散方向指示箭头的消防应急标志灯，指示方向应符合相关要求。

2 安装位置、标志灯之间间距应符合相关要求。

3 应安装在不燃性墙体或不燃性装修材料上，不应安装在门、窗等可移动的物体上。

4 标志灯在顶棚、疏散走道或通道的上方安装时，可采用吸顶和吊装式安装。当室内高度大于 3.5 m 时，特大型、大型、中型标志灯宜采用吊装式安装；当标志灯采用吊装式安装时，应采用金属吊杆或吊链，吊杆或吊链上端应固定在建筑构件上。

5 标志灯在侧面墙或柱上安装时，可采用壁挂式或嵌入式安装。标志灯底边距地面的高度应小于 1 m，且标志灯表面凸出墙面或柱面的部分不应有尖锐角、毛刺等凸出物，凸出墙面或柱面最大水平距离不应超过 20 mm。

检查数量：全数检查。

检查方法：观察检查、尺量检查。

9.5.4 消防应急标志灯、消防应急照明灯、应急照明控制器、集中电源、应急照明配电箱的安装应符合相关要求。

检查数量：全数检查。

检查方法：观察检查、尺量检查。

9.5.5 消防应急标志灯、消防应急照明灯、应急照明集中电源、应急照明集中控制器、集中控制型系统和非集中控制型系统应在非火灾状态下进行系统功能测试和火灾状态下的系统调试，其方法和要求应符合现行国家标准《消防应急照明和疏散指示系统技术标准》GB 51309 的规定。

检查数量:全数检查。

检查方法:观察检查、操作检查、仪器测量。

9.5.6 系统供配电的调试方法和要求应符合下列规定:

1 应能保证系统在正常照明关断后在设计规定时间内转入应急工作状态,并保证消防控制室应能控制系统转入应急工作状态。

2 应急照明集中电源及分配电箱内应能接受消防联动控制,但当应急照明集中电源进入应急工作状态时,应急输出应不受消防联动控制信号的影响,并应发出进入应急状态的反馈信号。

检查数量:全数检查。

检查方法:观察检查、操作检查。

10 火灾自动报警系统

10.1 一般规定

10.1.1 火灾自动报警系统的施工应符合相关要求。

10.1.2 火灾自动报警系统应对下列部位或内容进行隐蔽工程验收，并应有详细的文字记录和必要的影像资料：

    1 各类隐蔽施工的电线、电缆、导管、槽盒等。

    2 模块或模块箱、短路隔离器。

    3 其他隐蔽安装的设备。

10.2 材料设备进场

主控项目

10.2.1 材料、设备及配件应符合相关要求。

    检查数量：全数检查。

    检查方法：核查质量证明文件、观察检查。

10.2.2 电线、导管、槽盒应进行进场检验。

    检查数量：全数检查。

    检查方法：核查质量证明文件、观察检查。

10.2.3 电线导管、槽盒的燃烧性能等级应进行见证取样检验。

    检查数量：见证取样检验按照同一厂家、同一型号规格不少于1批次进行。

    检查方法：核查见证取样检验报告。

10.3 布　　线

主控项目

10.3.1 各类管路明敷时,应采用单独的卡具吊装或支撑物固定,吊杆直径不应小于 6 mm。

检查数量:全数检查。

检查方法:尺量检查、观察检查。

10.3.2 槽盒敷设时,应在下列部位设置吊点或支点,吊杆直径不应小于 6 mm:

1 槽盒始端、终端及接头处。

2 槽盒转角或分支处。

3 直线段不大于 3 m 处。

检查数量:全数检查。

检查方法:尺量检查、观察检查。

10.3.3 从接线盒、槽盒等处引到探测器底座、控制设备、扬声器的线路,当采用可弯曲金属电气导管保护时,其长度不应大于 2 m。

检查数量:全数检查。

检查方法:尺量检查、观察检查。

10.3.4 敷设在多尘或潮湿场所管路的管口和管路连接处,均应作密封处理。

检查数量:全数检查。

检查方法:观察检查。

10.3.5 管路长度和弯曲出现下列情况时,应在便于接线处装设接线盒:

1 管路长度每超过 30 m,无弯曲时。

2 管路长度每超过 20 m,有 1 个弯曲时。

3 管路长度每超过 10 m,有 2 个弯曲时。

4 管路长度每超过 8 m,有 3 个弯曲时。

检查数量:全数检查。

检查方法:尺量检查、观察检查。

10.3.6 金属管路入盒外侧应套锁母,内侧应装护口;在吊顶内敷设时,盒的内外侧均应套锁母。塑料管入盒应采取相应固定措施。

检查数量:全数检查。

检查方法:观察检查。

10.3.7 导线敷设时,应符合下列规定:

1 对导线的种类、电压等级进行检查,应符合相关要求。

2 线缆应使用防火桥架和专用线管单独敷设。系统内不同电压等级、不同电流类别的线路,不应布在同一管内或槽盒的同一槽孔内。

3 导线在管内或槽盒内不应有接头或扭结。导线连接应在端子箱或接线盒内进行,应采用可靠的压接,对于软线电缆宜采用搪锡连接。

4 导线应根据不同用途选不同颜色加以区分,相同用途的导线颜色应一致。电源线正极应为红色,负极应为蓝色或黑色。

检查数量:全数检查。

检查方法:观察检查。

10.3.8 火灾自动报警系统导线敷设后,应用 500 V 兆欧表测量每个回路导线对地的绝缘电阻,且绝缘电阻值不应小于 20 MΩ。

检查数量:全数检查。

检查方法:仪器测量。

一般项目

10.3.9 槽盒接口应平直、严密,槽盖应齐全、平整、无翘角。并列安装时,槽盖应便于开启。

检查数量:全数检查。

检查方法:观察检查。

10.3.10 管线经过建筑物的变形缝(包括沉降缝、伸缩缝、抗震缝等)处,应采取补偿措施;导线跨越变形缝的两侧应固定,并留有适当余量。

检查数量:全数检查。

检查方法:观察检查。

10.3.11 在管内或槽盒内的布线,应在建筑抹灰及地面工程结束后进行,管内或槽盒内不应有积水及杂物。

检查数量:全数检查。

检查方法:观察检查。

10.4 控制器类设备安装

主控项目

10.4.1 火灾报警控制器、消防联动控制器、火灾显示盘、控制中心监控设备、消防电话总机、可燃气体报警控制器、防火门监控器、电气火灾监控设备、消防设备电源监控器、消防控制室图形显示装置、传输设备、消防应急广播控制装置等控制与显示类设备的安装应符合下列规定:

  1 应安装牢固,不应倾斜。

  2 安装在轻质墙上时,应采取加固措施。

  3 落地安装时,其底边宜高出地(楼)面 100 mm～200 mm。

检查数量:全数检查。

检查方法:尺量检查、观察检查。

10.4.2 引入控制器的线缆应符合下列规定:

  1 配线应整齐,不宜交叉,并应固定牢靠。

  2 线缆芯线的端部应标明编号,并应与设计文件一致,字迹应清晰且不易褪色。

  3 端子板的每个接线端接线不得超过 2 根。

  4 线缆应留有不少于 200 mm 的余量。

  5 线缆应绑扎成束。

6　线缆穿管、槽盒后,应将管口、槽口封堵。

检查数量:全数检查。

检查方法:尺量检查、观察检查。

10.4.3　控制与显示类设备的主电源应设置明显的永久性标识,并直接与消防电源、备用电源连接,严禁使用电源插头。

检查数量:全数检查。

检查方法:观察检查。

10.4.4　控制与显示类设备的接地应牢固,并应设置明显的永久性标识。

检查数量:全数检查。

检查方法:观察检查。

一般项目

10.4.5　消防控制室内设备的布置应符合下列规定:

1　设备面盘前的操作距离,单列布置时不应小于 1.5 m,双列布置时不应小于 2.0 m,值班人员经常操作的一面不应小于 3.0 m。

2　设备面盘后的维修距离不宜小于 1 m;设备面盘的排列长度大于 4 m 时,其两端应设置宽度不小于 1 m 的通道。

检查数量:全数检查。

检查方法:尺量检查、观察检查。

10.4.6　消防控制器(柜)内不同电压等级、不同电流等级的类别端子应分开,并应有明显标识。

检查数量:全数检查。

检查方法:观察检查。

10.5　探测器类设备安装

主控项目

10.5.1　探测器的安装应符合下列规定:

1 探测器的安装位置、线型感温火灾探测器和管路采样式吸气感烟火灾探测器的采样管的敷设应符合相关要求。

2 探测器在有爆炸危险性场所的安装,应符合现行国家标准《电气装置安装工程 爆炸和火灾危险环境电气装置施工及验收规范》GB 50257 的有关规定。

检查数量:全数检查。

检验方法:资料核查、尺量检查、观察检查。

10.5.2 点型感烟、感温火灾探测器及一氧化碳火灾探测器的安装应符合下列规定:

1 探测器至墙壁、梁边的水平距离不应小于 0.5 m。

2 探测器周围水平距离 0.5 m 内不应有遮挡物。

3 探测器至空调送风口最近边的水平距离不应小于 1.5 m;至多孔送风顶棚孔口的水平距离不应小于 0.5 m。

4 在宽度小于 3 m 的内走道顶棚上安装探测器时,宜居中安装;点型感温火灾探测器的安装间距不应超过 10 m;点型感烟火灾探测器的安装间距不应超过 15 m,探测器至端墙的距离不应大于安装间距的一半。

5 探测器宜水平安装,当确需倾斜安装时,倾斜角不应大于 45°。

检查数量:全数检查。

检查方法:尺量检查、观察检查。

10.5.3 线型光束感烟火灾探测器的安装应符合下列规定:

1 探测器光束轴线至顶棚的垂直距离宜为 0.3 m～1.0 m,高度大于 12.0 m 的空间场所增设的探测器安装高度应符合相关要求。

2 发射器和接收器(反射式探测器的探测器和反射板)之间的距离不宜超过 100 m,应安装在固定结构上,且应安装牢固可靠。

3 相邻两组探测器光束轴线的水平距离不应大于 14.0 m,光束轴线之侧墙水平距离不应大于 7.0 m 且不小于 0.5 m。

4 发射器和接收器(反射式探测器的探测器和反射板)之间的光路上应无遮挡物,并应保证接收器(反射式探测器的探测器)避开日光和人工光源直接照射。

检查数量:全数检查。

检查方法:尺量检查、观察检查。

10.5.4 缆式线型定温火灾探测器的安装应符合下列规定:

1 在电缆桥架、变压器等设备上安装时,宜采用接触式布置;在各种皮带输送装置上敷设时,宜敷设在装置的过热点附近。

2 热敏电缆安装在电缆托架或支架上时,应紧贴电力电缆或控制电缆的外护套,呈正弦波方式敷设,并选用难燃、非燃塑卡具固定。热敏电缆安装在动力配电装置上时,应呈带状安装,采用安全可靠的线绕扎结,并用非燃卡具固定。

3 接线盒、终端盒可安装在电缆隧道或室内,并应将其固定于现场附近的墙壁上;安装于户外时,应加外罩防雨箱。

检查数量:全数检查。

检查方法:观察检查。

10.5.5 缆式线型差温火灾探测器敷设在顶棚下方时,其至顶棚距离宜为 0.1 m,相邻探测器之间水平距离不宜大于 5.0 m;探测器至墙壁距离宜为 1.0 m~1.5 m。

检查数量:全数检查。

检查方法:尺量检查、观察检查。

10.5.6 分布式线型光纤感温火灾探测器的安装应符合下列规定:

1 感温光纤应采用专用固定装置固定。

2 感温光纤严禁打结;光纤弯曲时,弯曲半径应大于 0.05 m。

3 感温光纤穿越相邻的报警区域应设置光缆余量段,隔断两侧应各留不小于 8 m 的余量段;每个光通道始端及末端光纤应各留不小于 8 m 的余量段。

检查数量:全数检查。

检查方法:尺量检查、观察检查。

10.5.7 光栅光纤线型感温火灾探测器的安装应符合下列规定:

1 信号处理单元安装位置不应受强光直射。

2 光纤光栅感温段的弯曲半径应大于 0.3 m。

检查数量:全数检查。

检查方法:尺量检查、观察检查。

10.5.8 管路采样式吸气感烟火灾探测器的安装应符合下列规定:

1 非高灵敏度的吸气式感烟火灾探测器不宜安装在顶棚高度大于 16 m 的场所;当高灵敏度的吸气式感烟火灾探测器安装在顶棚高度大于 16 m 的场所时,应保证至少有 2 个采样孔低于 16 m。

2 采样管应牢固安装在过梁、空间支架等建筑结构上。

3 在大空间场所安装时,每个采样孔的保护面积、保护半径应满足点型感烟探测器的保护面积、保护半径的要求;当采样管道垂直排布时,每 2℃温差间隔或 3 m 间隔(取最小者)应设置 1 个采样孔,采样孔不应背对气流方向。

4 采样孔的直径应根据采样管长度及敷设方式、采样孔数量等因素确定,并应满足符合相关要求。

5 当采样管采用毛细管布置方式时,毛细管长度不宜超过 4 m。

6 采样管和采样孔应设置明显的火灾探测器标识。

检查数量:全数检查。

检查方法:尺量检查、观察检查。

10.5.9 点型火焰探测器和图像型火灾探测器的安装应符合下列规定:

1 探测器的视场角应覆盖探测区域。

2 探测器与保护目标之间不应有遮挡物。

3 应避免光源直接照射探测器的探测窗口。

4 探测器在室外或交通隧道安装时,应有防尘、防水措施。

检查数量:全数检查。

检查方法:观察检查。

10.5.10 可燃气体探测器的安装应符合下列规定:

1 安装位置应根据探测气体密度确定,若其密度小于空气密度,探测器应位于可能出现泄漏点上方或探测气体的最高可能聚集点上方;若其密度大于或等于空气密度,探测器应位于可能出现泄漏点的下方。

2 在探测器周围应适当留出更换和标定的空间。

3 线型可燃气体探测器的发射器和接收器的窗口应避免日光直射,发射器与接收器之间不应有遮挡物,发射器和接收器的间距不宜大于 60 m,两组探测器之间轴线距离不应大于 14 m。

检查数量:全数检查。

检查方法:尺量检查、观察检查。

10.5.11 电气火灾监控探测器的安装应符合下列规定:

1 剩余电流式电气火灾监控探测器负载侧的中性线不应与其他回路共用,且不应重复接地。

2 测温式电气火灾监控探测器应采用产品配套的固定装置固定在保护对象上。

3 保护地线(PE 线)不得穿过剩余电流互感器。

4 电流互感器应分别探测三相电流,配电回路的相线应分别穿过对应的电流互感器。

5 探测器周围应适当留出更换与标定的作业空间。

检查数量:全数检查。

检查方法:观察检查。

一般项目

10.5.12 探测器底座的安装应符合下列规定:

1 应安装牢固,与导线连接必须可靠压接或焊接。当采用焊接时,不应使用带腐蚀性的助焊剂。

2 底座的连接导线应留有不小于150 mm的余量,且在其端部应有明显的永久性标识。

3 底座的穿线孔宜封堵,安装完毕的探测器底座应采取保护措施。

检查数量:全数检查。

检查方法:尺量检查、观察检查。

10.5.13 探测器安装位置在满足与风口、墙壁、梁边距离的要求情况下宜水平安装在被保护空间的中央部位,安装后指示灯应朝向入口。

检查数量:全数检查。

检查方法:观察检查。

10.5.14 产品外壳应光洁,表面应无腐蚀、涂层无脱落和气泡现象,无明显划伤、裂痕、毛刺等机械损伤,紧固件、插接件应无松动。

检查数量:全数检查。

检查方法:观察检查。

10.6 其他设备安装

主控项目

10.6.1 手动火灾报警按钮、消火栓按钮、气体灭火系统手自动控制转换装置、气体灭火系统现场启动和停止按钮的安装应符合下列规定:

1 手动火灾报警按钮、气体灭火系统手自动控制转换装置、气体灭火系统现场启动和停止按钮应安装在明显和便于操作的部位,其底边距地(楼)面高度宜为1.3 m~1.5 m,且应设置明显的永久性标识,消火栓按钮应设置在消火栓箱内。

2 应安装牢固,不应倾斜。

3 连接导线应留有不小于 150 mm 的余量,且在其端部应有明显永久性标识。

检查数量:全数检查。

检查方法:尺量检查、观察检查。

10.6.2 消防电气控制装置的安装应符合下列规定:

1 消防电气控制装置应安装牢固,不应倾斜;安装在轻质墙上时,应采取加固措施。

2 消防电气控制装置外接导线的端部应有明显的永久性标识。

3 消防电气控制装置箱体内不同电压等级、不同电流类别的端子应分开布置,并应有明显的永久性标识。

4 端子箱和模块箱宜设置在弱电间内,安装时应端正牢固。

检查数量:全数检查。

检查方法:观察检查。

10.6.3 火灾应急广播扬声器、火灾警报装置、喷洒光警报器、气体灭火系统手动与自动控制状态显示装置的安装应符合下列规定:

1 扬声器和火灾声报警装置宜在报警区内均匀安装;扬声器在走道内安装时,距走道末端的距离不应大于 12.5 m。

2 火灾光警报装置应安装在楼梯口、消防电梯前室、建筑内部拐角等处明显部位且不宜与消防应急疏散指示标志灯具安装在同一面墙上;确需安装在同一面墙上时,距离应大于 1 m。

3 气体灭火系统手动与自动控制状态显示装置应安装在防护区域的明显部位,喷洒光报警器应安装在防护区域外,且应安装在出口门上方。

4 除气体灭火系统手动与自动控制状态显示装置以外,采用挂壁方式安装时,底边距地面高度应大于 2.2 m。

5 安装应牢固可靠,表面不应有破损。

检查数量:全数检查。

检查方法:尺量检查、观察检查。

10.6.4 消防电话分机和电话插孔的安装应符合下列规定:

1 消防电话分机、电话插孔、带电话插孔的手动报警按钮宜安装在明显、便于操作的位置;当在墙面上安装时,其底边距地(楼)面高度宜为 1.3 m～1.5 m。

2 消防电话分机和电话插孔应有明显的永久性标识。

3 避难层中,消防专用电话分机或电话插孔安装位置应符合相关要求。

4 电话插孔不应设置在消火栓箱内。

检查数量:全数检查。

检查方法:尺量检查、观察检查。

10.6.5 消防设备应急电源和备用电源蓄电池的安装应符合下列规定:

1 应安装在通风良好地方,当安装在密封环境中时应有通风装置,电池安装场所的环境温度不应超出电池标称的工作温度范围。

2 酸性电池不应安装在带有碱性介质的场所,碱性电池不应安装在带酸性介质的场所。

3 不应安装在靠近带有可燃气体的管道、仓库、操作间等火灾爆炸危险场所。

检查数量:全数检查。

检查方法:仪器测量、观察检查。

10.6.6 火灾自动报警系统总线上应安装短路隔离器,每只总线短路隔离器保护的总线设备总数不应大于 32 点,且总线在穿越防火分区处应安装总线隔离器。

检查数量:全数检查。

检查方法:观察检查。

一般项目

10.6.7 模块或模块箱的安装应符合下列规定：

1 同一报警区域内的模块宜集中安装在金属箱内,分散安装时必须用模块盒作为保护。不应安装在配电柜(箱)或控制柜(箱)内。

2 模块或模块箱应安装在不燃材料或墙体上,安装牢固,并应采取防潮、防腐蚀等措施。

3 模块的连接导线应留有不小于150 mm的余量,其端部应有明显标识。

4 隐蔽安装时,在安装处附近应设置检修孔和尺寸不小于100 mm×100 mm的永久性标识。

检查数量:全数检查。

检查方法:尺量检查、观察检查。

10.6.8 消防设备电源监控系统传感器的安装应符合下列规定:

1 传感器与裸带电导体应保证安全距离,金属外壳的传感器应有保护接地。

2 传感器应独立固定、安装牢固,并应采取防潮、防腐蚀等措施。

3 传感器输出回路连接线应采用截面积不小于1.0 mm^2的双绞铜芯导线,并应留有不小于150 mm的余量,其端部应有明显永久性标识。

4 传感器的安装不应破坏监控线路的完整性,不应增加线路接点。

检查数量:全数检查。

检查方法:尺量检查、观察检查。

10.6.9 防火门监控模块与电动闭门器、释放器、门磁开关等现场部件的安装应符合下列规定:

1 防火门监控模块至电动闭门器、释放器、门磁开关等现场部件之间连线的长度不应大于 3 m,现场各部件应安装牢固。

2 门磁开关的安装不应破坏门扇与门框之间的密闭性。

检查数量:全数检查。

检查方法:尺量检查、观察检查。

10.7 系统接地

主控项目

10.7.1 交流供电和 36 V 以上直流供电的消防用电设备的金属外壳应有接地保护,接地线应与电气保护接地干线(PE)相连接。

检查数量:全数检查。

检查方法:观察检查。

10.7.2 工作接地线应采用铜芯绝缘导线或电缆,不得利用镀锌扁铁或金属软管。

检查数量:全数检查。

检查方法:观察检查。

10.7.3 消防控制室设备的外壳及基础应可靠接地,接地线应引入接地端子箱。

检查数量:全数检查。

检查方法:观察检查。

10.7.4 消防控制室应根据设计要求设置专用接地箱作为工作接地。

检查数量:全数检查。

检查方法:观察检查。

10.7.5 保护接地线与工作接地线应分开,不得利用金属软管作为保护接地导体。

检查数量:全数检查。

检查方法:观察检查。

10.7.6 接地装置施工完毕后,应测量接地电阻,并作记录。

检查数量:全数检查。

检查方法:仪器测量。

10.8　系统调试

主控项目

10.8.1　火灾报警控制器、消防联动控制器、火灾显示盘、消防控制室图形显示装置和传输设备的调试方法和要求应按现行国家标准《火灾自动报警系统施工及验收规范》GB 50166 的有关规定进行检查并记录。

检查数量:全数检查。

检查方法:资料核查、仪器测量、观察检查。

10.8.2　点型感烟、点型感温、点型一氧化碳火灾探测器的调试方法和要求应符合下列规定:

　　1　对可恢复探测器,采用专用的检测仪器或模拟火灾的方法,逐个检查火灾探测器的报警功能时,探测器的火警确认灯点亮并保持,火灾报警控制器收到火警信号并显示相关信息。

　　2　对于不可恢复的火灾探测器,应采取模拟报警方法逐个检查其报警功能,探测器应能发出火灾报警信号;当有备品时,可抽样检查其报警功能。

　　3　探测器处于故障状态,火灾报警控制器应能显示故障报警的信息。

　　4　使可恢复探测器监测区域的环境恢复正常,使不可恢复探测器恢复正常,手动操作控制器复位键后,控制器应处于正常监视状态,探测器火警确认灯应熄灭。

　　5　带蜂鸣器底座的火灾探测器在发出报警信号后,其底座内蜂鸣器应发出声报警信号并保持,探测器报警复位后应停止声报警。

检查数量:全数检查。

检查方法:资料核查、观察检查。

10.8.3 线型感温火灾探测器的调试方法和要求应符合下列规定:

1 在不可恢复的探测器上模拟火警或故障时,探测器应能发出火灾报警或故障信号,火灾报警控制器收到火警或故障信号并显示相关信息。

2 可恢复的探测器可采用专用检测仪器或模拟火灾的方法使其发出火灾报警信号,并在终端盒上模拟故障,探测器应能分别发出火灾报警和故障信号,火灾报警控制器收到火警和故障信号并显示相关信息。

3 应使可恢复探测器敏感部件周围的温度恢复正常,使不可恢复探测器恢复正常监视状态,手动操作控制器复位键后,控制器应处于正常监视状态,探测器火警确认灯应熄灭。

检查数量:全数检查。

检查方法:资料核查、观察检查。

10.8.4 线型光束感烟火灾探测器的调试方法和要求应符合下列规定:

1 用减光率为 0.9 dB 的减光片或等效设备遮挡光路时,探测器不应发出火灾报警信号。

2 用产品生产企业设定减光率为 1.0 dB～10.0 dB 的减光片或等效设备遮挡光路时,探测器的火警确认灯点亮并保持,火灾报警控制器收到火警信号并显示相关信息。

3 用减光率为 11.5 dB 的减光片或等效设备遮挡光路时,探测器的火警或故障确认灯点亮,火灾报警控制器收到火警、故障信号并显示相关信息。

4 撤除减光片或等效设备,手动操作控制器复位键后,控制器应处于正常监视状态,探测器火警确认灯应熄灭。

检查数量:全数检查。

检查方法:资料核查、观察检查。

10.8.5 管路采样式吸气感烟火灾探测器的调试方法和要求应符合下列规定：

1 在采样管最末端（最不利处）采样孔加入试验烟时，探测器或其控制装置的火警确认灯应在 120 s 内点亮并保持，火灾报警控制器收到火警信号并显示相关信息。

2 根据产品说明书改变探测器的采样管路气流，使探测器处于故障状态时，探测器或其控制装置的故障指示灯应点亮，火灾报警控制器收到故障信号并显示相关信息。

3 使探测器监测区域的环境恢复正常，手动操作控制器复位键后，控制器应处于正常监视状态，探测器或其控制装置火警确认灯应熄灭。

检查数量：全数检查。

检查方法：资料核查、观察检查。

10.8.6 点型火焰探测器和图像型火灾探测器的调试方法和要求应符合下列规定：

1 在探测器监视区域内最不利处采用专业检测仪器或模拟火灾的方法，向探测器释放试验光波，探测器火警确认灯应在 30 s 内点亮并保持，火灾报警控制器收到火警信号并显示相关信息。

2 使探测器监测区域的环境恢复正常，手动操作控制器复位键后，控制器应处于正常监视状态，探测器或其控制装置火警确认灯应熄灭。

检查数量：全数检查。

检查方法：资料核查、观察检查。

10.8.7 手动火灾报警按钮的调试方法和要求应符合下列规定：

1 使报警按钮动作后，报警按钮火警确认灯点亮并保持，火灾报警控制器收到火警信号并显示相关信息。

2 使报警按钮处于离线状态，火灾报警控制器收到故障信号并显示相关信息。

3 使报警按钮恢复正常,手动操作控制器复位键后,控制器应处于正常监视状态,报警按钮火警确认灯应熄灭。

检查数量:全数检查。

检查方法:资料核查、观察检查。

10.8.8 消火栓按钮的调试方法和要求应符合下列规定:

1 使消火栓按钮动作后,消火栓按钮启动确认灯点亮并保持,消防联动控制器应发出声、光报警信号并显示相关信息。

2 消防泵启动后,消火栓按钮回答确认灯应点亮并保持。

3 使报警按钮处于离线状态,消防联动控制器应发出故障声、光信号并显示相关信息。

检查数量:全数检查。

检查方法:资料核查、观察检查。

10.8.9 模块的调试方法和要求应符合下列规定:

1 模块处于离线或连接线断路状态,消防联动控制器应发出故障声、光信号并显示相关信息。

2 应核查输入模块和连接设备、输出模块与受控设备的接口是否兼容。

3 为输入模块提供模拟的输入信号,输入模块应在 3 s 内动作并点亮动作指示灯,消防联动控制器应接收并显示模块动作反馈信息。

4 撤除模拟输入信号,手动操作控制器复位键后,控制器应处于正常监视状态,输入模块动作指示灯应熄灭。

5 操作消防联动控制器向输出模块发出启动控制信号,输出模块应在 3 s 内动作并点亮动作指示灯,消防联动控制器应有启动光指示并显示相关信息。

6 操作消防联动控制器向输出模块发出停止控制信号,输出模块应在 3 s 内动作并熄灭动作指示灯。

检查数量:全数检查。

检查方法:资料核查、观察检查。

10.8.10 消防设备应急电源的调试方法和要求应按现行国家标准《火灾自动报警系统施工及验收规范》GB 50166 的有关规定进行检查并记录。

检查数量：全数检查。

检查方法：资料核查、观察检查、仪器检查。

10.8.11 消防专用电话系统、可燃气体探测报警系统、电气火灾监控系统、消防设备电源监控系统的调试方法和要求应按现行国家标准《火灾自动报警系统施工及验收规范》GB 50166 的有关规定进行检查并记录。

检查数量：全数检查。

检查方法：资料核查、观察检查。

10.8.12 火灾警报与消防应急广播系统、防火卷帘系统、防火门监控系统、气体/干粉灭火系统、自动喷水灭火系统、消火栓系统、防排烟系统、消防应急照明和疏散指示系统、电梯和非消防电源等相关系统的联动控制调试方法和要求应按现行国家标准《火灾自动报警系统施工及验收规范》GB 50166 的有关规定进行检查并记录。

检查数量：全数检查。

检查方法：观察检查、仪器测量。

10.8.13 系统整体性能的调试应按设计的联动逻辑关系，检查下列各系统和设备中相关的火灾报警信号、联动信号、模块动作情况、受控设备的动作情况、受控现场设备动作情况、接收反馈信号及各种显示情况：

1 防火门（设计有联动控制要求时）、防火卷帘、电动排烟窗、电动挡烟垂壁。

2 设计有联动要求的安防设施：疏散通道上由门禁系统控制的门和庭院电动大门、停车场出入口挡杆、相关区域安全技术防范系统的摄像机监视火灾。

3 消防给水系统中信号阀、电动阀、电磁阀、水流指示器、消火栓按钮,消防水泵的启、停状态和故障状态,消防水箱(池)水位、有压气体管道气压状态信号和快速排气阀入口前电动阀的动作信号等。

4 火灾自动报警系统报警及警报装置、消防应急广播、模块、消防电话、区域显示器(火灾显示盘)、传输设备、消防控制中心图形显示装置等。

5 防排烟系统的风机、加压送风机、风阀(口)以及设计有联动要求的空调风机、风阀(口)。

6 切断非消防电源(设计有联动控制要求时)、启动消防应急照明和疏散指示系统等。

7 电梯、自动扶梯。

8 气体/干粉灭火系统、细水雾灭火系统。

9 其他自动消防系统或联动控制装置。

检查数量:全数检查。

检查方法:操作检查、仪器测量。

10.8.14 消防水泵、防烟和排烟风机的控制设备除应采用联动控制方式外,还应在消防控制室设置手动直接控制装置,测试手动直接控制,应符合相关要求。

检查数量:全数检查。

检查方法:观察检查。

10.8.15 火灾自动报警系统联动设备动作响应时间不应超过120 s;系统应在连续运行120 h以上无故障。

检查数量:全数检查。

检查方法:操作检查、仪器测量。

10.8.16 消防控制室内报119报警服务台的通信设备及城市消防远程监控系统的设置应符合相关要求并调试开通。

检查数量:全数检查。

检查方法:操作检查。

10.8.17 系统调试完成后,应在火灾报警控制器、消防联动控制器面板上制作铭牌和标识,标明控制器或按钮所控制区域或设备的名称和编号。

检查数量:全数检查。

检查方法:观察检查。

10.8.18 设有消防设施物联网系统的建筑或单位应设物联网用户信息装置,并将火灾自动报警系统接入其中;消防设施物联网系统应对火灾自动探测报警系统、消防联动控制系统、电气火灾监控系统、可燃气体报警系统、消防设备电源监控系统进行物联监测。

检查数量:全数检查。

检查方法:观察检查。

11 电 梯

11.1 一般规定

11.1.1 电梯工程施工应符合相关要求。

11.1.2 电梯安装前,应由监理(建设)单位、土建施工单位、机电施工单位,对消防设计文件中消防电梯及火灾状态下有控制功能要求的其他电梯进行核查,对电梯数量、设置位置、消防功能以及电梯井道、机房、电梯安装条件作出确认。

11.1.3 电梯应对下列部位或内容进行隐蔽工程验收,并应有详细的文字记录和必要的影像资料:

　　1 有耐火极限要求的电梯井壁、电梯机房隔墙的施工。

　　2 电梯井内管道穿越的施工。

　　3 消防电梯所使用的电线、电缆的敷设。

　　4 消防电梯的排水井、排水管道的施工。

　　5 电梯的动力与控制电缆、电线、控制面板等防水措施的施工。

11.2 设备材料进场

主控项目

11.2.1 材料、设备及配件应进行进场检验。

　　检查数量:全数检查。

　　检查方法:资料核查、观察检查。

11.2.2 电梯的进场检验应符合现行国家标准《电梯工程施工质量验收规范》GB 50310 的有关规定。随机文件必须包括下列资料：

    1 土建布置图。

    2 产品出厂合格证。

    3 门锁装置、限速器、安全钳及缓冲器的型式试验证书复印件。

    检查数量：全数检查。

    检查方法：资料核查、观察检查。

一般项目

11.2.3 设备零部件应与装箱单内容相符；设备外观不应存在明显的损坏。随机文件还应包括下列资料：

    1 装箱单。

    2 安装、使用维护说明书。

    3 动力电路和安全电路的电气原理图等资料文件。

    检查数量：全数检查。

    检查方法：资料核查、观察检查。

11.3 安装和调试

主控项目

11.3.1 消防电梯设置的位置和数量应符合相关要求。

    检查数量：全数检查。

    检查方法：资料核查、观察检查。

11.3.2 消防电梯井和机房、消防电梯前室或合用前室的设置应符合相关要求：

    1 消防电梯井和机房与相邻井道、机房及其他房间分隔的防火分隔措施。

    2 消防电梯前室或合用前室与其他部位分隔的防火分隔措施。

3 消防电梯前室或合用前室的使用面积以及短边尺寸。

4 消防电梯前室或合用前室内的消防设施、防烟措施。

检查数量:全数检查。

检查方法:资料核查、观察检查。

11.3.3 电梯井应独立设置,电梯井内不应敷设或穿过可燃气体或甲、乙、丙类液体管道及与电梯运行无关的电线或电缆等。

检查数量:全数检查。

检查方法:资料核查、观察检查。

11.3.4 消防电梯应能在所服务区域每层停靠。

检查数量:全数检查。

检查方法:资料核查、操作检查。

11.3.5 消防电梯的载重量不应小于 800 kg,并应符合相关要求。

检查数量:全数检查。

检查方法:核查质量证明文件、观察检查。

11.3.6 消防电梯行驶速度应符合相关要求。

检查数量:全数检查。

检查方法:仪器测量。

11.3.7 消防电梯轿厢内,应设置专用消防对讲电话和视频监控系统的终端设备。

检查数量:全数检查。

检查方法:操作检查。

11.3.8 在消防电梯的首层入口处,应设置明显的标识和供消防救援人员专用的操作按钮;消防开关盒应安装正确,其面板应与墙面贴实、横竖端正。

检查数量:全数检查。

检查方法:观察检查、操作检查。

11.3.9 消防电梯轿厢内部装修材料的燃烧性能应为 A 级。

检查数量:全数检查。

检查方法:核查质量证明文件。

11. 3. 10 消防电梯动力与控制电缆、电线应采取防水措施。消防电梯的动力和控制线缆与控制面板的连接处、控制面板的外壳防水性能等级不应低于 IPX5。

检查数量:全数检查。

检查方法:资料核查、观察检查。

11. 3. 11 消防电梯井底部应设排水设施,排水井的容量、排水泵的排水量应符合相关要求,且排水井容量不应小于 2 m³,排水泵的排水量不应小于 10 L/s。

检查数量:全数检查。

检查方法:观察检查、操作检查。

11. 3. 12 消防电梯及火灾状态下有控制功能要求的其他电梯,其迫降功能应符合相关要求。

检查数量:全数检查。

检查方法:观察检查、操作检查。

11. 3. 13 消防电梯的动力源和备用动力应进行切换试验,并应符合本标准第 9. 3. 8 条的规定。

检查数量:全数检查。

检查方法:观察检查、操作检查。

11. 3. 14 电梯层门的耐火性能应符合相关要求。

检查数量:全数检查。

检查方法:资料核查。

11. 3. 15 消防电梯所使用的电线、电缆应为阻燃和耐火电缆。

检查数量:全数检查。

检查方法:核查质量证明文件。

11. 3. 16 电梯的信号反馈功能应符合相关要求。

检查数量:全数检查。

检查方法:观察检查、操作检查。

11. 3. 17 火灾时用于辅助人员疏散的电梯及其设置应符合下列

规定：

    1 应具有在火灾时仅停靠特定楼层和首层的功能。

    2 电梯附近的明显位置应设置标示电梯用途的标志和操作说明。

    3 其他要求应符合消防电梯的有关规定，并符合相关要求。

    检查数量：全数检查。

    检查方法：资料核查、观察检查、操作检查。

11.3.18 设置在消防电梯或疏散楼梯间前室内的非消防电梯，防火性能不应低于消防电梯的防火性能。

    检查数量：全数检查。

    检查方法：资料核查、观察检查。

一般项目

11.3.19 消防电梯间前室门口宜设挡水设施。

    检查数量：全数检查。

    检查方法：观察检查。

12 其他灭火系统

12.1 一般规定

12.1.1 气体灭火系统、厨房设备灭火装置、探火管灭火装置等其他灭火系统的施工应符合相关要求。

12.1.2 气体灭火系统、厨房设备灭火装置、探火管灭火装置等各分项工程中的材料、设备和消防产品应按本标准第3章的要求进行材料设备进场和记录。

12.1.3 气体灭火系统、厨房设备灭火装置、探火管灭火装置等各分项工程中的建筑电气、火灾自动报警及联动控制等部分，应符合本标准第9章、第10章的规定。

12.1.4 其他灭火系统应对下列部位或内容进行隐蔽工程验收，并应有详细的文字记录和必要的影像资料：

　　1 有耐火极限要求的气体灭火系统中防护区围护结构的施工。

　　2 气体灭火系统中防护区地板下、吊顶上或其他隐蔽区域内管网的施工。

12.2 气体灭火系统

主控项目

12.2.1 防护区或保护对象与储存装置间应符合下列规定：

　　1 防护区或保护对象的位置、用途、划分、几何尺寸、开口、通风、环境温度、可燃物的种类、防护区围护结构的耐压、耐火极限及门、窗可自行关闭装置应符合相关要求。

2 储存装置间的位置、通道、耐火等级、应急照明装置、火灾报警控制装置及地下储存装置间机械排风装置应符合相关要求。

检查数量：全数检查。

检查方法：观察检查、尺量检查、操作检查。

12.2.2 防护区下列安全设施的设置应符合相关要求：

1 防护区的疏散通道、疏散指示标志和应急照明装置。

2 防护区内和入口处的声光报警装置、气体喷放指示灯、入口处的安全标志。

3 无窗或固定窗扇的地上防护区和地下防护区的排气装置。

4 门窗设有密封条的防护区的泄压装置。

5 专用的空气呼吸器或氧气呼吸器。

检查数量：全数检查。

检查方法：观察检查。

12.2.3 设备和灭火剂输送管道应符合下列规定：

1 灭火剂储存容器的数量、型号和规格，位置与固定方式，油漆和标志，以及灭火剂储存容器的安装质量应符合相关要求。

2 储存容器内的灭火剂充装量和储存压力应符合相关要求。

3 集流管的材料、规格、连接方式、布置及其泄压装置的泄压方向应符合相关要求和现行国家标准《气体灭火系统施工及验收规范》GB 50263 的有关规定。

4 选择阀及信号反馈装置的数量、型号、规格、位置、标志及其安装质量应符合相关要求和现行国家标准《气体灭火系统施工及验收规范》GB 50263 的有关规定。

5 阀驱动装置的数量、型号、规格和标志，安装位置，气动驱动装置中驱动气瓶的介质名称和充装压力，以及气动驱动装置管道的规格、布置和连接方式，应符合相关要求和现行国家标准《气体灭火系统施工及验收规范》GB 50263 的有关规定。

6 驱动气瓶的机械应急操作装置均应设安全销并加铅封,现场手动启动按钮应有防护罩。

7 灭火剂输送管道的布置与连接方式、支架和吊架的位置及间距、穿过建筑构件及其变形缝的处理、各管段和附件的型号规格以及防腐处理和涂刷油漆颜色,应符合相关要求和现行国家标准《气体灭火系统施工及验收规范》GB 50263 的有关规定。

8 喷嘴的数量、型号、规格、安装位置和方向,应符合相关要求和现行国家标准《气体灭火系统施工及验收规范》GB 50263 的有关规定。

检查数量:称重检查按储存容器全数(不足 5 个的按 5 个计)的 20%检查,其他全数检查。

检查方法:观察检查、尺量检查。

12.2.4 气体灭火系统应进行模拟启动试验。

检查数量:防护区或保护对象总数(不足 5 个按 5 个计)的 20%检查。

检查方法:观察检查、操作检查。

12.2.5 气体灭火系统应进行模拟喷气试验。

检查数量:组合分配系统不应少于 1 个防护区或保护对象,柜式气体灭火装置、热气溶胶灭火装置等预制灭火系统应各取 1 套。

检查方法:观察检查、操作检查。

12.2.6 气体灭火系统应进行主用、备用电源切换试验。

检查数量:全数检查。

检查方法:观察检查、操作检查。

12.2.7 设有灭火剂备用量的气体灭火系统应进行模拟切换操作试验。

检查数量:全数检查。

检查方法:观察检查、操作检查。

12.2.8 气体灭火系统的泄压口应位于防护区净高度的 2/3 以上。防护区存在外墙的,泄压口应设在外墙上;防护区不存在外墙的,泄压口可设在与走廊相隔的内墙上。

检查数量:全数检查。

检查方法:观察检查、尺量检查。

12.2.9 驱动气瓶和选择阀的机械应急手动操作处,均应有标明对应防护区或保护对象名称的永久标志。

检查数量:全数检查。

检查方法:观察检查。

12.3 厨房设备灭火装置

主控项目

12.3.1 管道安装完毕后,应进行强度试验和空气吹扫,并应符合下列规定:

1 试验压力应为灭火剂储存容器设计工作压力的 1.5 倍,稳压 5 min 应无泄漏,观察管道无变形。

2 空气吹扫应在强度试验合格后进行,空气吹扫流速不宜小于 20 m/s,吹扫压力不应超过 1.2 MPa;空气吹扫过程中,当观察排气无尘渣等杂物时,应在排气口设置贴白布或涂白漆的木制靶板检验,5 min 内靶板上应无铁锈、尘土及其他杂物。

检查数量:全数检查。

检查方法:仪器测量、观察检查。

12.3.2 喷嘴的安装应在管道试压、冲洗合格后进行;喷嘴的型号、规格、安装位置和喷孔方位应符合相关要求,并应防止密封填料等杂物进入喷嘴内部。

检查数量:全数检查。

检查方法:资料核查、观察检查。

12.3.3 厨房设备灭火装置的调试应进行模拟启动试验、模拟喷放试验和主、备用电源切换试验;调试合格后应将装置恢复到正常工作状态。

检查数量:全数检查。

检查方法:观察检查、操作检查。

一般项目

12.3.4 管道的安装应符合下列规定:

1 管道采用螺纹连接时,宜采用机械切割,边缘应打磨;螺纹不得有缺纹、断纹等现象;螺纹连接的密封材料应均匀附着在管道的螺纹部分,拧紧螺纹时不得将填料挤入管道内。

2 拉索套管在切割后应进行钝化处理。

3 管道连接前应检查内腔,确保无异物。

4 管道应牢固固定,支、吊架的距离应符合相关要求。

检查数量:全数检查。

检查方法:观察检查。

12.4 探火管灭火装置

主控项目

12.4.1 探火管灭火装置安装前应检查灭火剂储存容器内的充装量和充装压力,应符合相关要求和相关消防技术标准的要求。

检查数量:全数检查。

检查方法:资料核查、观察检查。

12.4.2 灭火剂储存容器的安装应符合下列规定:

1 安装位置应符合相关要求。

2 安装已充装好的灭火剂储存容器之前,不应将探火管连接至灭火剂储存容器的容器阀上。

3 灭火剂储存容器应直立安装,固定储存容器支架、框架应牢固、可靠,且采取防腐处理措施。

4 灭火剂储存容器安全泄放装置的泄压方向不应朝向操作面,且不应对人身和设备造成危害。

5 容器阀上设有压力表的,其安装位置应正确,示值应灵敏、准确。

检查数量:全数检查。

检查方法:资料核查、观察检查。

12.4.3 探火管及释放管的安装应符合下列规定:

1 探火管连接部件应采用专用连接件。

2 探火管应按设计要求敷设,并应采用专用管夹固定,固定措施应保证探火管牢固、工作可靠。

3 释放管的三通分流参数应均衡。

4 探火管穿过墙壁或设备壳体时,应采用专用保护件或连接件,防止探火管磨损。

5 探火管不应布置在温度大于80℃的物体表面。

6 探火管压力表的安装位置应便于观察。

检查数量:全数检查。

检查方法:仪器测量、观察检查。

12.4.4 间接式探火管灭火装置应进行模拟喷放试验。

检查数量:全数检查。

检查方法:观察检查、操作检查。

一般项目

12.4.5 探火管灭火装置安装前,应对容器阀、探火管、释放管和喷头等进行外观质量检查,并应符合下列规定:

1 组件应无碰撞变形及其他机械性损伤。

2 组件外露非机械加工表面保护涂层应完好。

3 组件所有外露接口均应设有防护堵、盖,且封闭良好,接口螺纹无损伤。

4 铭牌应清晰,其内容应符合国家现行有关标准的规定。

检查数量:全数检查。

检查方法:观察检查。

13 质量验收

13.1 一般规定

13.1.1 分部工程消防质量验收前,建设单位应委托专业从事并符合从业条件要求的消防技术服务机构进行建筑消防设施检测。检测时,建筑工程供水、供电等市政配套工程应正式开通,并达到设计要求。

13.1.2 建筑消防设施检测应包括下列内容,检测结果应符合设计和相关技术标准的要求:

  1 消火栓系统、自动喷水灭火系统、固定消防炮、水喷雾灭火系统等消防给水系统。

  2 火灾自动报警系统,包括与相关设备的联动控制及设备。

  3 防排烟系统。

  4 消防应急照明和疏散指示系统(集中控制型)、电气火灾监控系统(火灾自动报警子系统)。

  5 泡沫灭火系统。

  6 气体灭火系统。

  7 细水雾灭火系统。

  8 其他技术性能要求较高的自动消防设施。

13.1.3 分部工程消防质量验收前,建设单位应组织设计、施工、监理等单位进行建筑工程中可燃气体和甲、乙、丙类液体管道敷设的专项验收,应符合相关技术标准和设计要求。

13.1.4 进行特殊消防设计的建设工程,消防质量验收时应重点查验专家评审技术内容的施工质量,并应达到专家评审意见的要求。

13.2 实体检验

13.2.1 消防工程质量验收时,对工程整体消防质量影响较大的建筑构造、重点部位,总监理工程师(建设单位项目负责人)应组织设计、施工单位共同进行实体检验,并按本标准附录 G 记录。

13.2.2 建筑(或场所)类别的实体检验应包括下列内容,并应符合相关要求:

    1 建筑高度、埋深、层数、建筑面积。

    2 建筑(或场所)的使用功能。

13.2.3 建筑(或场所)耐火等级的实体检验应包括下列内容,并应符合相关要求:

    1 建筑构件的燃烧性能、耐火极限和防火保护措施。

    2 钢结构构件防火保护措施和耐火极限。

13.2.4 建筑室外总体的实体检验应包括下列内容,并应符合相关要求:

    1 防火间距。

    2 消防车道、消防车登高操作场地。

13.2.5 防火分区、防火分隔、防烟分区的实体检验应包括下列内容,并应符合相关要求:

    1 相邻防火分区之间楼板、防火墙、防火门、防火卷帘等的设置。

    2 同一防火分区内,防火分隔墙体、疏散门或防火门的设置。

    3 同一防火分区内,防烟分区的划分以及相邻防烟分区之间隔墙、挡烟垂壁等的设置。

    4 同一防烟分区内,排烟设施的设置。

    5 中庭及其他上下层连通开口部位的防火分隔、挡烟垂壁等的设置。

6 防火分隔墙体、楼板的洞口、缝隙防火封堵,管道井、电缆井内的防火封堵、检修门等防火分隔。

7 防火隔间、避难走道、避难层(间)的设置位置、面积、防火分隔、防烟措施。

13.2.6 安全出口、疏散楼梯、疏散走道的实体检验应包括下列内容,并应符合相关要求:

1 安全出口的形式和数量,敞开楼梯间、封闭楼梯间、防烟楼梯间及前室设置,安全出口、疏散门、梯段净宽度,建筑疏散总宽度、安全疏散距离;地下室、半地下室与地上层共用楼梯的防火分隔。

2 疏散楼梯间、前室的防烟措施。

3 疏散楼梯间、前室管道穿越情况。

4 疏散走道的防火分隔、疏散宽度和防排烟措施。

5 消防应急照明和疏散指示标志的设置。

13.2.7 避难层(间)的实体检验应包括下列内容,并应符合相关要求:

1 避难层(间)的设置位置、避难区的净面积、防火分隔、防烟措施。

2 避难层消防电梯出口的设置、楼梯间通向避难层的形式、避难层和楼层位置的灯光指示标识、避难间的灯光指示标识的设置。

3 避难层(间)消防专线电话、消火栓、消防卷盘、消防应急广播、灭火器、应急照明的设置。

4 避难层(间)内管道、设备的布置情况。

5 避难层(间)可开启外窗的设置。

13.2.8 消防控制室的实体检验应包括下列内容,并应符合相关要求:

1 设置位置、防火分隔、安全出口、防水淹、防潮、防啮齿动物等措施。

2 消防控制室内设备布置;与建筑其他弱电系统合用的消防控制室内,消防设备应集中设置,并应与其他设备间有明显间隔。

3 应急照明的设置;无影响设备使用等管道穿越。

4 火灾自动报警系统相关分部工程调试开通。

13.2.9 消防水泵房的实体检验应包括下列内容,并应符合相关要求:

1 设置位置、防火分隔、安全出口、室内环境温度、防水淹措施。

2 应急照明、消防电话分机设置。

3 消防给水系统相关分部工程调试开通。

13.2.10 人员密集场所、老年人照料设施、儿童活动场所、歌舞娱乐场所的实体检验应包括下列内容,并应符合相关要求:

1 设置位置、防火分隔、安全疏散。

2 消防设施配置及其他消防技术措施。

13.2.11 锅炉房、变压器室、配电室、柴油发电机房、防排烟机房的实体检验应包括下列内容,并应符合相关要求:

1 设置位置、防火分隔、安全疏散。

2 消防设施配置及其他消防技术措施。

13.2.12 工业建筑中的高火灾危险性部位以及总控制室、办公室、休息室等场所的实体检验应包括下列内容,并应符合相关要求:

1 设置位置、防火分隔、安全疏散。

2 消防设施配置及其他消防技术措施。

13.2.13 爆炸危险场所(部位)的实体检验应包括下列内容,并应符合相关要求:

1 设置位置、建筑结构、设置形式、分隔措施。

2 泄压设施的设置、泄压口面积、泄压形式。

3 防爆区电气设备的类型、标牌和合格证明文件。

4 其他防静电、防积聚、防流散等措施。

13.2.14 建筑(或场所)室内装饰装修的实体检验应包括下列内容,并应符合相关要求:

1 平面布置情况。

2 有无影响电气安装、消防设施、疏散设施的情况。

13.2.15 消防电梯(包括前室)的实体检验应包括下列内容,并应符合相关要求:

1 消防电梯及其前室的设置。

2 消防电梯或其前室的防烟措施、前室内的消防设施设置。

13.2.16 气体灭火系统防护区的实体检验应包括下列内容,并应符合相关要求:

1 防护区的位置、用途、划分、几何尺寸、开口、通风、环境温度、可燃物的种类、防护区围护结构的耐压和耐火极限及门、窗可自行关闭装置。

2 防护区的安全疏散、排气装置、泄压装置等。

3 储存装置间的位置、通道、耐火等级、应急照明装置、火灾报警控制装置及地下储存装置间机械排风装置等。

13.3 验收的程序和组织

13.3.1 建筑工程消防施工质量验收应在施工单位自检的基础上,按检验批、分项工程、子分部工程、分部工程的顺序依次、逐级进行。

13.3.2 检验批应由专业监理工程师(建设单位专业负责人)组织施工单位项目专业质量检查员、专业工长等进行验收,并按本标准附录F中的表F.0.1记录。

13.3.3 分项工程应由专业监理工程师(建设单位专业负责人)组织施工单位项目专业技术负责人等进行验收,并按本标准附录F中的表F.0.2记录。

13.3.4 子分部工程消防施工质量验收应由总监理工程师（建设单位项目负责人）主持，施工单位的项目技术负责人和相关专业的质量检查员、施工员，专业分包单位项目负责人、设计人员参加，并按本标准附录F中的表F.0.3记录。

13.3.5 建设单位应组织设计单位、监理单位、施工单位、技术服务单位进行消防分部工程施工质量验收，查验建设工程是否符合相关要求，并做好记录。

13.4 工程消防质量验收

13.4.1 检验批质量验收合格，应符合下列规定：

1 主控项目的质量经抽样检验合格。

2 一般项目的质量经抽样检验合格；当采用计数检验时，80%以上的检查点合格，且其余检查点不得影响正常使用的功能。

3 具有完整的施工操作依据、质量验收记录。

13.4.2 分项工程质量验收合格，应符合下列规定：

1 所含检验批的质量验收合格。

2 所含检验批的质量验收记录完整。

13.4.3 子分部工程验收时，施工单位应提供下列材料：

1 施工现场质量管理检查记录。

2 设计文件，包括经批准的施工图、设计说明书、设计变更和洽商记录、图纸会审记录等。

3 消防产品，具有防火性能要求的建筑材料、建筑构配件和设备的质量证明文件资料、使用说明书，以及进场检验记录、见证取样检验报告等。

4 施工过程检查记录、隐蔽工程验收记录和相关影像资料。

5 分项工程以及检验批的验收记录。

6 其他对工程质量有影响的重要技术资料。

13.4.4 子分部工程质量验收合格,应符合下列规定:

1 分项工程全部合格。

2 质量控制资料完整。

3 主要使用功能的抽样检验结果符合相应规定。

4 观感质量符合要求。

13.4.5 分部工程验收合格,应符合下列规定:

1 所含子分部工程的质量验收合格。

2 实体检验、建筑消防设施检测结果符合要求。

3 质量控制资料完整,并符合相关规范要求。

4 主要功能核查及抽查结果符合要求。

5 观感质量符合要求。

13.5 施工质量资料管理

13.5.1 消防施工质量资料应与消防施工质量管理和控制过程同步形成,并应真实反映工程的建设情况和实体质量。

13.5.2 建设单位组织各方责任主体开展工程竣工验收时,应核查下列资料:

1 建筑工程基础资料,包括下列资料:

1) 建筑工程的设计、施工、监理、施工图审查、技术服务等单位的资质证明文件(包括在沪建设工程企业诚信手册);

2) 合同文件;

3) 相关执业人员身份证明文件及执业资格证明文件;

4) 施工许可证等。

2 消防设计文件,包括施工图、设计说明书、设计变更和洽商记录、图纸会审记录、竣工图等,特殊消防设计文件及专家评审意见。

3 消防产品和具有防火性能要求的建筑材料、建筑构配件和设备的质量证明文件、使用说明书,以及进场检验记录、见证取样检验报告等。

  4 施工过程检查记录,包括隐蔽工程验收记录和相关影像资料,过程检查工序交接记录,设备单机试运转及调试记录,系统联合试运转及调试记录等。

  5 检验批、分项工程、子分部工程验收记录。

  6 主要功能核查及实体检验记录,含多测合一报告。

  7 建筑消防设施检测报告。

  8 其他对工程质量有影响的重要技术资料。

13.5.3 消防工程技术档案和施工管理资料的归档范围、立卷内容应符合现行国家标准《建筑工程文件归档规范》GB/T 50328 和现行行业标准《建设电子文件与电子档案管理规范》CJJ/T 117 的有关规定。

附录 A 施工现场质量管理检查记录

表 A 施工现场质量管理检查记录

开工日期：

工程名称			施工许可证		
建设单位			项目负责人		
设计单位			项目负责人		
监理单位			总监理工程师		
施工总承包		项目负责任人		项目技术负责人	
专业分包		项目负责任人		项目技术负责人	
序号	项目		内容		
1	项目部质量管理体系				
2	现场质量责任制				
3	主要专业工种操作岗位证书				
4	施工图审查及图纸会审情况				
5	施工组织设计、施工方案编制及审批				
6	施工技术标准				
7	工程质量检查验收制度				
8	质量验收划分方案				
9	其他				

自检结果：

施工单位(总承包)项目负责人：

　　　　　　　　　年　月　日

检验结论：

总监理工程师/建设单位项目负责人：

　　　　　　　　　年　月　日

附录 B 消防材料、产品、设备进场检验记录

表 B.0.1 材料进场检验报审表

工程名称： 编号：

致： （监理单位或建设单位）

我方于＿＿＿＿＿＿＿日进场的工程材料、设备和消防产品数量如下（见附件）。现将质量证明文件及自检结果报上，拟用于＿＿＿＿＿＿＿＿＿＿分部（子分部）工程的下述部位＿＿＿＿＿＿＿＿＿＿＿＿＿＿＿＿＿＿＿，请予以审核。

附件：

施工单位（总承包）（章）：＿＿＿＿＿＿＿＿＿

项目负责人：＿＿＿＿＿＿＿＿＿

日　　期：＿＿＿＿＿＿＿＿＿

审查意见：

经检查上述材料、设备和消防产品， 符合 / 不符合 设计文件和规范的要求，准许 / 不准许 进场，同意 / 不同意 使用于拟定部位。

监理单位（章）/建设单位：＿＿＿＿＿＿＿＿＿

总/专业监理工程师/项目负责人：＿＿＿＿＿＿＿＿＿

日　　期：＿＿＿＿＿＿＿＿＿

表 B. 0. 2 ＿＿＿＿＿＿＿ 具有防火性能要求的建筑构配件、建筑材料(含建筑保温材料)、装修材料清单

序号	产品名称	型号规格	生产企业名称	使用部位	燃烧性能等级	检验检测报告编号

上述具有防火性能要求的建筑构配件、建筑材料(含建筑保温材料)和装修材料均使用于此次申报验收的建设工程中,经查验,上述材料燃烧性能等级符合国家规范和设计要求,一致性检查及性能检查合格。

建设单位(章):	施工单位(总承包)(章):	设计单位(章):	监理单位(章):
项目负责人:	项目负责人:	项目负责人:	项目负责人:
年 月 日	年 月 日	年 月 日	年 月 日

填表说明:装修材料填写使用部位时应明确到顶棚、墙面、地面、隔断等。

— 121 —

表 B.0.3

消防产品清单

序号	产品名称	规格型号	数量	生产企业名称	使用部位	质量证明方式	证明文件及编号

上述消防产品均使用于此次申报验收的建设工程中，经查鉴，上述产品均具有符合国家规定的市场准入证明资料和产品合格证明文件，并按相关标准经一致性检查及性能检查合格。

建设单位（章）：
项目负责人：
　　　年　　月　　日

施工单位（总承包）（章）：
项目负责人：
　　　年　　月　　日

设计单位（章）：
项目负责人：
　　　年　　月　　日

监理单位（章）：
项目负责人：
　　　年　　月　　日

填表说明：1. "质量证明方式"栏应如实注明产品为强制性认证或型式检验。如非强制性认证产品且未进行型式检验的填写"/"。
2. 强制性认证产品，证明文件及编号应填写产品的《中国国家强制性产品认证证书》编号和产品认证证书编号和产品认证发证检验报告编号。
3. 型式检验产品，证明文件及编号应填写型式检验报告的编号。

附录 C 建筑材料、建筑构配件见证取样检验项目

表 C 建筑材料、建筑构配件见证取样检验项目

序号	品种	建筑材料和消防产品	检验项目
1	防火涂料	膨胀型钢结构防火涂料	等效热传导系数
		非膨胀型钢结构防火涂料	等效热阻
2	顶棚材料	矿棉板、纸面石膏板、硅酸钙板、饰面板、经阻燃处理的材料等	燃烧性能
3	隔断材料	隔断、经现场阻燃处理的材料	燃烧性能
4	墙面材料	防火板、木质装饰板、吸音材料、硬包、软包、墙布、墙纸、护墙板等	燃烧性能
5	铺地材料	地毯、木地板、塑料地板	燃烧性能
6	装饰织物	窗帘、幕布	燃烧性能
7	塑料	电线导管、槽盒	燃烧性能
8	隔热、保温使用的平板材料	橡塑平板材料、屋面保温材料、墙面保温材料	燃烧性能
9	隔热、保温使用的管状材料	橡塑管状材料、铝箔玻璃棉管壳等	燃烧性能
10	防火分隔措施	防火门、防火窗、防火卷帘等	耐火极限

附录 D 施工过程记录

表 D 钢结构防火涂料施工过程记录表

工程名称								
使用性质			涂层展开总面积（m²）		工程地址			
					联系人		联系电话	
工程基本概况								

钢结构防火涂料工程涂料涂层施工情况

单体建筑名称	喷涂部位	设计耐火极限	涂料类型		选用产品（序号）	喷涂总基数（根/个）	检查数量（根/个）	每个构件检查部位数（个）	涂层平均厚度（mm）	涂层最薄厚度（mm）	每米涂层裂纹数量（个）	涂层裂纹最大宽度（mm）	施工起止日期	备注
			室内/室外型	膨胀/非膨胀型										

续表D

选用产品信息

序号	产品名称	产品型号	生产厂家	认证类型及证书编号	有效期	产品参数（耐火极限与其对应厚度）	使用数量（吨）

相关单位意见	建设单位 （盖章） 项目负责人签字 ____	设计单位 （盖章） 项目负责人签字 ____	施工单位 （盖章） 项目负责人签字 ____	监理单位 （盖章） 项目负责人签字 ____

注：1. 按有关规定实行监理的建设工程，需要监理单位盖章、总监理工程师签名。

2. 本表有多页的，应盖骑缝章。

附录 E 建筑工程消防施工质量
验收子分部、分项划分

表 E 建筑工程消防施工质量验收子分部、分项划分

序号	子分部工程	分项工程	包含内容
1	建筑防火	总平面布局	防火间距,消防救援口,消防车道,消防车登高操场地
		防火分区	位置,面积,形式及完整性
		防火墙和防火隔墙及防火玻璃墙	设置、方式、位置,燃烧性能、耐火极限,防火分隔措施
		防火门、防火窗和防火卷帘	位置、数量,产品选型,安装质量,铭牌及产品质量证明文件,功能测试
		竖井、管线防火和防火封堵	使用功能,设置位置,防火分隔,防火封堵
		防烟分区	位置,面积,形式及完整性,防烟分隔设施
		安全疏散与避难	安全出口,疏散门,疏散走道,疏散楼梯,避难层(间),避难走道
		重点部位和特殊场所	消防控制室,消防水泵房,燃油或燃气锅炉房,柴油发电机房,油浸变压器室,充有可燃油的高压电容器室和多油开关室,其他设备用房,民用建筑中的特殊场所,工业建筑中的特殊场所,汽车库、修车库、停车场,非机动车停车库
		防爆和泄压	爆炸危险场所,泄压设施,防静电、防积聚、防扩散措施,电气防爆
2	结构防火	主体结构	混凝土结构、钢结构、木结构、铝合金结构、膜结构

序号	子分部工程	分项工程	包含内容
3	建筑装饰装修	外墙装饰	外墙装饰层
		建筑幕墙	石材、金属、玻璃
		室内装饰装修	轻质隔墙、内墙墙面、建筑地面、吊顶、窗帘、电线管、纺织织物、空调管保温、对消防设施和疏散的影响
		建筑屋面	保温与隔热,可熔性采光带(窗),防火隔离带,防水与密封
		围护系统保温	保温材料(燃烧性能、防护层),防火隔离带
4	消防给水和水灭火系统	材料设备进场	材料进场检验,设备进场检验
		消防水源	消防水池、消防水箱的安装,消防水泵接合器的安装,其他组件安装
		供水设施	消防水泵的安装,消防水泵吸水管及其附件的安装,消防稳压泵安装,消防气压水罐及其配套给水设备的安装,消防水泵控制柜及其机械应急启动柜的安装,其他组件安装
		消火栓灭火系统	管网安装,室内消火栓安装,室外消火栓安装,其他组件安装
			水压试验、冲洗,干式消火栓系统气压试验
			系统试压和冲洗,主电源和备用电源切换测试,控制柜调试,消防水源测试,消防水泵的调试,系统压力、流量测试,系统联锁功能测试,系统排水系统调试
		自动喷水灭火系统	管网安装,报警阀组安装,喷头安装,其他组件安装
			水压试验、冲洗,干式喷水灭火系统及预作用喷水灭火系统气压试验
			系统试压和冲洗,主电源和备用电源切换测试,控制柜调试,消防水源测试,消防水泵的调试,报警阀组测试,系统压力、流量测试,系统联锁功能测试,系统排水系统调试

续表E

序号	子分部工程	分项工程	包含内容
4	消防给水和水灭火系统	自动跟踪定位射流灭火系统	灭火装置安装,探测装置安装,控制装置安装,布线安装、模拟末端试水装置安装
			水压试验、冲洗
			水源调试与测试,消防水泵调试,气压稳压装置调试,自动控制阀和灭火装置手动控制功能调试,主电源和备用电源切换测试,系统自动跟踪定位灭火模拟调试,模拟末端试水装置调试,系统自动跟踪定位射流灭火试验,联动控制调试
		固定消防炮灭火系统	消防炮安装,其他组件安装
			水压试验、冲洗
			系统试压和冲洗,主电源和备用电源切换测试,控制柜调试,消防水源测试,消防水泵的调试,系统压力、流量测试,系统联锁功能测试,系统排水系统调试
		水喷雾灭火系统	喷头安装,其他组件安装
			水压试验、冲洗
			系统试压和冲洗,主电源和备用电源切换测试,控制柜调试,消防水源测试,消防水泵的调试,报警阀组测试,系统压力、流量测试,系统联锁功能测试,系统排水系统调试
		细水雾灭火系统	储水、储气瓶组的安装,泵组及控制柜的安装,阀组安装,管道管件安装,喷头安装,系统管道冲洗,水压试验,吹扫
			水压试验、冲洗
			泵组调试,分区控制阀调试,联动试验
		泡沫灭火系统	泡沫液储罐的安装,泡沫比例混合器(装置)的安装,管道、阀门、泡沫消火栓的安装,泡沫产生装置的安装,泡沫喷雾系统的安装
			水压试验、冲洗

続表E

序号	子分部工程	分项工程	包含内容
4	消防给水和水灭火系统	泡沫灭火系统	动力源和备用动力源切换试验,水源测试,消防泵试验,消防稳压泵、消防气压给水设备调试,泡沫比例混合器(装置)调试,报警阀调试,泡沫产生装置的调试,泡沫消火栓冷喷试验,泡沫消火栓箱喷泡沫试验,泡沫灭火系统的调试
5	防排烟系统及通风与空调系统	材料设备进场	材料进场检验,设备进场检验
		风管制作及安装	风管的制作、安装及检测、试验
		部件安装	排烟防火阀、送风口、排烟阀或排烟口、挡烟垂壁、排烟窗的安装
		风机安装	防烟、排烟及补风风机的安装
		系统调试	排烟防火阀、送风口、排烟阀或排烟口、挡烟垂壁、排烟窗、防排烟风机的单项调试及联动调试
6	建筑电气	材料设备进场	材料进场检验,设备进场检验
		消防电源及其配电	正常电源安装,应急电源安装,消防设备配电线路安装
		电力线路及电器装置	配电线路安装,灯具安装
		消防应急照明和疏散指示系统	消防应急标志灯安装,消防应急照明灯安装,应急照明控制器、集中电源、应急照明配电箱,消防应急灯调试,应急照明集中电源调试,应急照明集中控制器的调试,系统功能调试
7	火灾自动报警系统	材料设备进场	材料类进场检验,控制与显示类设备进场检验,探测器类设备进场检验,其他设备进场检验
		布线	槽盒和导管安装,线缆敷设
		控制器类设备安装	火灾报警控制器、消防联动控制器、火灾显示盘、控制中心监控设备、消防电话总机、可燃气体报警控制器等安装

序号	子分部工程	分项工程	包含内容
7	火灾自动报警系统	探测器类设备安装	各类火灾探测器、可燃气体探测器、电气火灾监控探测器的安装
		其他设备安装	手动火灾报警按钮、消火栓按钮、火灾应急广播扬声器、火灾警报装置、喷洒光警报器等安装
		系统接地	保护接地施工要求
		系统调试	控制器类设备调试、探测器类设备调试、其他设备调试、系统功能调试
8	电梯	电梯	消防电梯
9	其他灭火系统	气体灭火系统	材料进场检验，系统组件进场检验
			防护区或保护对象与储存装置间
			灭火剂储存容器、集流管、选择阀及信号反馈装置、驱动气瓶、选择阀、灭火剂输送管道和喷嘴的安装
			系统功能调试，模拟启动试验，模拟喷气试验，灭火剂备用量模拟切换操作试验，主用、备用电源切换试验
		厨房设备灭火装置	材料进场检验，系统组件进场检验
			管道安装，强度试验和空气吹扫，喷嘴的安装，感温器的安装，手动操作装置的安装，控制装置的安装
			模拟启动试验，模拟喷放试验，主电源和备用电源切换测试
		探火管灭火装置	灭火剂储存容器的安装，探火管及释放管的安装
			模拟喷放试验

附录 F 施工质量验收记录

表 F.0.1 检验批质量验收记录

工程名称					
分项工程名称		验收部位			
施工单位		项目负责人		专业工长	
分包单位		项目负责人		施工班组长	
施工执行标准 名称及编号					
质量验收规范的规定				施工单位 检查结果	监理(建设) 单位验收结论
主控项目	1		第 条		
	2		第 条		
	3		第 条		
	4		第 条		
	5		第 条		
一般项目	1		第 条		
	2		第 条		
	3		第 条		
	4		第 条		
	5		第 条		
施工单位 (总承包)检查 评定结果	项目专业质量检查员: (项目专业技术负责人) 年　月　日				
监理(建设) 单位验收 结论	专业监理工程师: (建设单位项目专业技术负责人) 年　月　日				

表 F.0.2 分项工程质量验收记录

工程名称			验收部位	
施工单位		项目负责人	项目技术负责人	
分包单位		单位负责人	项目负责人	

序号	检验批部位、区段	施工、分包单位检查结果	监理（建设）单位验收结论
1			
2			
3			
4			
5			
6			
7			
8			
9			
10			

施工单位（总承包）检查结论	项目专业技术负责人： 年　月　日
监理（建设）单位验收结论	专业监理工程师： （建设单位项目专业技术负责人） 年　月　日

表 F.0.3 _____ 子分部工程质量验收记录

工程名称		建设单位		项目负责人	
施工单位		技术部门负责人		质量部门负责人	
分包单位		分包单位负责人		分包单位技术负责人	

序号	子分部(分项)工程名称	检验批数	施工、分包单位检查结果	验收结论
1				
2				
3				
4				
5				
6				
7				
8				

质量控制资料	
主要功能核查抽查	
观感质量验收	

验收单位	分包单位	项目负责人: 　　年　　月　　日
	施工单位(总承包)	项目负责人: 　　年　　月　　日
	设计单位	项目负责人: 　　年　　月　　日
	监理(建设)单位	总监理工程师: (建设单位项目负责人) 　　年　　月　　日

附录 G 工程实体检验记录

表 G 工程实体检验记录

项目名称				项目地址	
项目 负责人				联系电话	
工程 基本 概况	〔建(构)筑物单体名称、使用性质、面积、层数、高度、装修部位、工程竣工验收范围等内容〕:				
检查内容	检查部位			检查结论	
第×××条					

参加验收人员				
组 别	姓名(签名)	单 位		职务职称
建设单位				
设计单位				
施工单位 (总承包)				
专业分包单位				
监理单位				

本标准用词说明

1　为了便于在执行本标准条文时区别对待,对要求严格程度不同的用词说明如下:

　1)　表示很严格,非这样做不可的用词:

　　　正面词采用"必须";

　　　反面词采用"严禁"。

　2)　表示严格,在正常情况下均应这样做的用词:

　　　正面词采用"应";

　　　反面词采用"不应"或"不得"。

　3)　表示允许稍有选择,在条件许可时首先应这样做的用词:

　　　正面词采用"宜";

　　　反面词采用"不宜"。

　4)　表示有选择,在一定条件下可以这样做的用词,采用"可"。

2　条文中指明应按其他有关标准、规范执行时的写法为"应符合……的规定"或"应按……执行"。

引用标准名录

1 《普通螺纹　基本尺寸要求》GB 196
2 《普通螺纹　公差与配合》GB 197
3 《管路旋入端用普通螺纹尺寸系列》GB/T 1414
4 《低压流体输送用焊接钢管》GB/T 3091
5 《消防水泵接合器》GB 3446
6 《自动喷水灭火系统　第 11 部分:沟槽式管接件》GB 5135.11
7 《55°密封管螺纹　第 1 部分:圆柱内螺纹与圆锥外螺纹》
　GB/T 7306.1
8 《55°密封管螺纹　第 2 部分:圆锥内螺纹与圆锥外螺纹》
　GB/T 7306.2
9 《输送流体用无缝钢管》GB/T 8163
10 《水及燃气管道用球墨铸铁管、管件和附件》GB/T 13295
11 《流体输送用不锈钢无缝钢管》GB/T 14976
12 《耐火电缆槽盒》GB29415
13 《建筑设计防火规范》GB 50016
14 《火灾自动报警系统设计规范》GB 50116
15 《给水排水构筑物工程施工及验收规范》GB 50141
16 《泡沫灭火系统技术标准》GB 50151
17 《火灾自动报警系统施工及验收规范》GB 50166
18 《工业金属管道工程施工质量验收规范》GB 50184
19 《砌体工程施工质量验收规范》GB 50203
20 《混凝土结构工程施工质量验收规范》GB 50204
21 《钢结构工程施工质量验收规范》GB 50205
22 《屋面工程质量验收规范》GB 50207

23　《建筑地面工程施工质量验收规范》GB 50209

24　《建筑装饰装修工程质量验收规范》GB 50210

25　《建筑内部装修设计防火规范》GB 50222

26　《机械设备安装工程施工及验收通用规范》GB 50231

27　《工业金属管道工程施工规范》GB 50235

28　《现场设备、工业管道焊接工程施工规范》GB 50236

29　《建筑给水排水及采暖工程施工质量验收规范》GB 50242

30　《通风与空调工程施工质量验收规范》GB 50243

31　《爆炸和火灾危险环境电气装置施工及验收规范》GB 50257

32　《自动喷火灭火系统施工及验收规范》GB 50261

33　《气体灭火系统施工及验收规范》GB 50263

34　《给水排水管道工程施工及验收规范》GB 50268

35　《压缩机、风机、泵安装工程施工及验收规范》GB 50275

37　《建筑工程施工质量验收统一标准》GB 50300

38　《建筑电气工程施工质量验收规范》GB 50303

39　《电梯工程施工质量验收规范》GB 50310

40　《智能建筑工程质量验收规范》GB 50339

41　《建筑内部装修防火施工及验收规范》GB 50354

42　《建筑节能工程施工质量验收规范》GB 50411

43　《建筑灭火器配置验收及检查规范》GB 50444

44　《固定消防炮灭火系统施工与验收规范》GB 50498

45　《现场设备、工业管道焊接工程施工质量验收规范》GB 50683

46　《防火卷帘、防火门、防火窗施工及验收规范》GB 50877

47　《细水雾灭火系统技术规范》GB 50898

48　《消防给水及消火栓系统技术规范》GB 50974

49　《建筑钢结构防火技术规范》GB 51249

50　《建筑防烟排烟系统技术标准》GB 51251

51　《消防应急照明和疏散指示系统技术标准》GB51309

52　《建筑防火封堵应用技术标准》GB/T 51410

53 《自动跟踪定位射流灭火系统技术规范》GB 51427

54 《建筑防火通用规范》GB 55037

55 《钢丝网骨架塑料(聚乙烯)复合管》CJ/T 189

56 《通风管道技术规程》JGJ/T 141

标准上一版编制单位及人员信息

DG/TJ 08-2177-2015

主 编 单 位：上海市消防局

上海市建筑科学研究院（集团）有限公司

参 编 单 位：上海建工一建集团有限公司

上海市安装工程集团有限公司

上海市建设工程安全质量监督总站

上海建科工程咨询有限公司

上海同济工程项目管理咨询有限公司

上海建科检验有限公司

同济大学建筑设计研究院（集团）有限公司

公安部上海消防科研所

主要起草人：李惠菁　孙丽亨　周红波　朱毅敏　杜伟国

辛达帆　钟才根　周　涛　韩震雄　梅晓海

朱跃忠　陈晓文　孙纪军　王　汇　朱　鸣

王学军　虞利强　杨风雷　徐荣梅　徐　放

赵　津　罗奋生　李耀成　李　申　姚玉梅

朱　蕾　麦永湛　沈丽华　朱　旻

上海市工程建设规范

建筑工程消防施工质量验收标准

DG/TJ 08—2177—2023
J 13342—2024

条 文 说 明

2024　上海

目　次

Contents

1 总 则

1.0.2 本条规定了本标准的适用范围。本标准的内容适用于上海市新建、改建、扩建的建筑工程以及装饰装修工程的消防施工质量验收。不适用于历史建筑,以及火药、炸药及其制品厂房(仓库)、花炮厂房(仓库)建筑工程。其余建设工程的消防验收可参考执行。

2 术 语

2.0.3 特殊建设工程的建设单位应当向消防设计审查验收主管部门申请消防设计审查,消防设计审查验收主管部门依法对审查的结果负责。特殊建设工程未经消防设计审查或者审查不合格的,建设单位、施工单位不得施工。需要提供特殊消防设计技术资料的,还应当包括特殊消防设计必要性论证、特殊消防设计方案、火灾数值模拟分析等内容,重大工程、火灾危险等级高的应当包括实体试验验证内容。其他建设工程,建设单位申请施工许可或者申请批准开工报告时,应当提供满足施工需要的消防设计图纸及技术资料。

2.0.8 消防产品、具有防火性能要求的建筑材料、建筑构配件和设备的质量证明文件依据其市场准入原则确定:强制性认证的消防产品需提供强制性认证证书及出厂合格证明;其他消防产品需提供自愿性认证证书或型式检验报告,以及出厂合格证明;一般建筑材料需提供燃烧性能等级检测报告及出厂合格证明;新研制尚未制定国家标准、行业标准的新产品则需要提供技术鉴定报告、型式检验报告以及出厂合格证明。

3 基本规定

3.1 质量管理要求

3.1.1 建筑消防工程施工过程,应建立必要的质量责任制度,推行生产控制和合格控制的全过程质量控制,应有健全的生产控制和合格控制的质量管理体系。包含:消防工程质量方针、质量目标、质量保证措施、施工过程质量控制,从人、机、料、法、环等要素进行控制,通过完善的质量管理体系对消防工程产品质量进行测量、分析、改进,保证工程质量达到验收标准。本标准附录 A 同现行国家标准《建筑工程施工质量验收统一标准》GB 50300 附录 A,强调对消防安全和功能相关的项目进行记录。

3.1.2 本条规定了建设单位的质量管理要求。

3.1.3 本条规定了设计单位的质量管理要求。消防设计文件是按照建设工程法律法规和国家工程建设消防技术标准进行设计、编制的符合消防要求的设计文件。包括消防工程设计方案、消防工程施工图纸、消防水源及消防设施布置图纸、消防系统计算说明书、消防技术说明书及其他设计说明书等。

3.1.4 本条规定了施工单位的质量管理要求。

3.1.5 本条规定了监理单位的质量管理要求。

3.2 过程质量控制

3.2.1 本条强调了消防设计技术的交底。当需要进行深化设计时,深化设计应经原设计单位进行消防技术的确认。

3.2.2 建筑工程施工前,施工单位应编制消防专项施工方案。

方案应包含施工进度计划、人员材料及机械需求、质量保证措施、安全措施、施工技术方案、质量检测方法、与设计监理等单位的配合措施等内容,并经建设(监理)单位审查批准。施工作业人员的操作技能对消防施工质量影响较大,故在施工前应对相关人员进行技术交底和必要的实际操作培训,技术交底和培训均应留有记录。

3.2.3 本条规定了建筑工程施工应具备的条件。设备基础、预埋件和预留孔洞等应做好前道工序的验收工作,避免日后出现问题,责任不清。

3.2.5 本条规定了建筑工程施工质量控制方面的主要要求:

1 工序是建筑工程施工的基本组成部分,一个检验批可能由一道或多道工序组成。为保障工程整体质量,应控制每道工序的质量。施工单位完成每道工序后,应进行自检、专职质量检查员检查。相关专业工序之间应进行交接检验,使各工序和各相关专业工程之间形成有机的整体。

2 对重要工序,应经监理工程师(建设单位专业负责人)检查认可,才能进行下道工序施工。如:基础施工、主体结构施工、保温层施工、火灾自动报警系统设备安装、室内给水管道及配件安装、室内消火栓系统安装、风管系统安装等,应经监理工程师检查认可。

3 隐蔽工程一定要适时检查验收,隐蔽之后很难再进行相关工作。

3.3 产品、材料和设备

3.3.1 具有防火性能要求的建筑构件、建筑材料和装修材料应符合相关要求,同时也应符合国家、上海市有关产品质量标准的规定。国家和上海市有明令淘汰或禁止使用的技术指标,落后或质量存在较大问题的材料或建筑构配件,不得使用。

3.3.2 根据中华人民共和国住房和城乡建设部令第 51 号《建设

工程消防设计审查验收管理暂行规定》,施工单位应按照消防设计要求、施工技术标准和合同约定检验消防产品和具有防火性能要求的建筑材料、建筑构配件和设备的质量,使用合格产品,保证消防施工质量。

3.3.3 本条规定了消防产品进场检验的具体要求,同时要查验质量证明文件的有效期。2021年修订的《中华人民共和国消防法》第二十四条规定:"消防产品必须符合国家标准;没有国家标准的,必须符合行业标准……实行强制性产品认证的消防产品目录,由国务院产品质量监督部门会同国务院应急管理部门制定并公布。新研制的尚未制定国家标准、行业标准的消防产品,应当按照产品质量监督部门会同国务院应急管理部门规定的办法,经技术鉴定符合消防安全要求的,方可生产、销售、使用。依照本条规定经强制性产品认证合格或者技术鉴定合格的消防产品,国务院应急管理部门应当予以公布。"

消防产品的外观、标志、规格型号、结构部件、材料、性能参数、生产厂名、厂址与产地、产品实物等与强制性产品认证证书、自愿性认证证书、技术鉴定证书、型式检验报告以及出厂合格证、质保书等质量证明文件中的描述不一致的,视为不合格。消防产品身份信息标志的本体应贴于产品表面明显部位,标志验证体单独粘贴于产品合格证上;如果产品合格证也粘贴在产品上,则要求生产者必须制备单独粘贴标志验证体的产品身份信息证明。

3.3.4 本条规定了建筑材料、建筑构配件质量证明文件检查的具体要求,同时要查验质量证明文件的有效期。

3.3.5 对于建筑材料和消防产品的部分性能、参数实施见证取样检验,是保证工程质量的重要环节,其真实性和代表性直接影响消防施工质量。对于见证取样检验批次,可按消防产品、具有防火性能要求的建筑材料、建筑构配件和设备的生产厂家或销售单位进行划分。对于标准规范没有规定,但设计文件有要求或对质量有异议的其他涉及消防安全的建筑材料、建筑构配件和设备,也可进行见证取样检验,以保证材料及产品质量。

3.4 消防施工质量验收的划分

3.4.1 建筑工程消防施工质量是建筑工程质量的重要组成部分,分散在建筑的各个专业当中。本条将建筑工程消防施工质量验收按照子分部工程、分项工程和检验批划分,保持与现行国家标准《建筑工程施工质量验收统一标准》GB 50300 及各专业工程施工质量验收规范的一致性。

分项工程是子分部工程的组成部分,一个子分部工程往往由多个分项工程组成。本条规定了建筑工程消防施工质量验收所含子分部、分项工程的具体内容,综合了现行国家标准《建筑工程施工质量验收统一标准》GB 50300 的分部、分项划分方法,以及现行国家标准《火灾自动报警系统施工及验收规范》GB 50166、《自动喷水灭火系统施工及验收规范》GB 50261、《消防给水及消火栓系统技术规范》GB 50974 等规范分部、分项的划分方法。本标准分部、分项的划分与消防设计文件中的专业划分方法不完全一致,是按照施工总承包、分包的施工范围进行划分,是按照"谁施工、谁负责"的原则进行细分。例如将"防排烟系统"的相关要求,拆分到结构专业的墙和梁、暖通专业的机械排烟、幕墙专业的门窗,划入对应分部、分项中。同时,在分部工程调试和验收中,强调子分部工程之间的"联动性",总承包和各专业分包单位的质量责任更加清晰。

3.4.2 分项工程是分部工程的组成部分,由一个或若干个检验批组成。本条规定了检验批的划分标准。多层及高层建筑的分项工程可按楼层或施工段来划分检验批,对于工程量较少的分项工程可划为一个检验批。按检验批验收有助于及时发现和处理施工中出现的质量问题,确保工程质量,也符合施工实际需要。

4 建筑防火

4.1 一般规定

4.1.1 防火封堵材料种类多,每种材料都有相应的适用范围和设计与施工工艺。正确选用和安装防火封堵材料,是保证防火封堵质量的重要途径。

4.1.2 本条规定了涉及消防调试的内容应在其相关分部分项施工结束后进行,避免后续施工对调试完成的内容带来破坏或影响。

4.1.3 隐蔽工程验收是指对项目建成后无法进行复查的工程部位所做的验收。本条规定了本章节涉及的隐蔽工程验收,同时规定了隐蔽工程验收的要求。

4.2 总平面布局

4.2.1～4.2.5 条文规定了防火间距、消防救援口、应急排烟窗、消防车道及消防车登高操作场地的设置要求。有距离、高度、宽度、长度、面积等要求的内容,其与设计图纸标示的数值误差应满足国家工程建设消防技术标准的要求;国家工程建设消防技术标准没有数值误差要求的,误差不超过 5%,且不影响正常使用功能和消防安全。消防车道以及消防车登高操作场地承载力可参考设计文件和施工验收记录进行检查。其中,消防车道借用市政道路的,应征询市政、绿化等部门的许可,并应保证车道与建筑之间不应有高大树木、车站、路灯、电线杆等障碍物,并符合消防车道的设计文件和相关消防技术标准的要求。不规则回车场以消防车可以利用场地的内接正方形为回车场地或根据实际设置情况进行消防车通行试验,满足消防车回车的要求。消防车登高操作场地借用其他场地的,应有允许借用的支撑文件,并符合场地设置的设计文件和相关消防技术标准的要求。

4.2.6 本条规定了消防车登高操作场地标识的设置要求。

4.3 防火分区

4.3.1,4.3.2 条文规定了防火分区的设置要求。防火分区建筑面积的允许偏差为±5%。防火分区之间的分隔是建筑内防止火灾在分区之间蔓延的关键防线,因此要采用防火墙进行分隔。如果因使用功能需要不能采用防火墙分隔时,可以采用防火卷帘、防火分隔水幕、防火玻璃或防火门进行分隔,但要认真研究其与防火墙的等效性。因此,要严格控制采用非防火墙进行分隔的开口大小及施工质量要求。

4.4 防火墙、防火隔墙和防火玻璃墙

4.4.1 本条规定了防火墙的设置要求。防火墙是分隔水平防火分区或防止建筑间火灾蔓延的重要分隔构件,要保证防火墙在火灾时真正发挥作用,应保证防火墙的结构安全且从上至下均应处在同一轴线位置,相应框架的耐火极限要与防火墙的耐火极限相适应。设置防火墙就是为了防止火灾从防火墙任意一侧蔓延至另外一侧,通常屋顶是不开口的,一旦开口则有可能成为火灾蔓延的通道,因而也需要进行有效的防护。对于难燃或可燃外墙,为阻止火势通过外墙横向蔓延,要求防火墙凸出外墙一定宽度,且应在防火墙两侧每侧各不小于2.0 m范围内的外墙和屋面采用不燃性墙体,并不得开设孔洞。不燃性外墙具有一定耐火极限且不会被引燃,允许防火墙不凸出外墙。防火墙设在建筑物的转

角处且防火墙两侧开设门窗等洞口时，如门窗洞口采取防火措施，则能有效防止火势蔓延。设置不可开启窗扇的乙级防火窗、火灾时可自动关闭的乙级防火窗、防火卷帘或防火分隔水幕等，均可视为能防止火灾水平蔓延的措施。

4.4.3 本条规定在于保证防火墙防火分隔的可靠性。可燃气体和可燃液体管道穿越防火墙，很容易将火灾从防火墙的一侧引到另外一侧。排气管道内的气体一般为燃烧的余气，温度较高，将排气管道设置在防火墙内不仅对防火墙本身的稳定性有影响，而且排气时长时间聚集的热量有可能引燃防火墙两侧的可燃物。对穿过防火墙的其他管道，要用弹性较好的不燃材料或防火封堵材料将管道周围的缝隙紧密填塞。对于采用塑料等遇高温或火焰易收缩变形或烧蚀的材质的管道，要采取措施使该类管道在受火后能被封闭，如设置热膨胀型阻火圈或者设置在具有耐火性能的管道井内等，以防止火势和烟气穿过防火分隔体。有关防火封堵措施，在中国工程建设标准化协会标准《建筑防火封堵应用技术规程》CECS 154：2003 中有详细要求。

4.4.8 对于金属夹芯板材或其他夹芯复合板隔墙等轻质隔墙，板材或芯材等材料受热变形较大，其材料的选型及施工工艺严重影响轻质隔墙的耐火极限，因此检查金属夹芯板材或其他夹芯复合板隔墙等轻质隔墙的耐火极限时，应仔细核查其耐火极限证明文件及施工验收记录。

4.5 防火门、防火窗和防火卷帘

4.5.1 防火门、防火窗其明显部位应设置永久性标牌，标明产品名称、型号规格、商标、耐火极限、生产单位（制造商）名称和厂址、出厂日期及产品生产批号、执行标准等。防火卷帘及配套的卷门机、控制器、手动按钮盒、温控释放装置等均应在其明显部位设置永久性标牌，标明产品名称、型号、规格、耐火性能及商标、生产单位(制造商)名称、出厂日期及产品生产批号、执行标准等,并要查看标牌是否牢固,内容是否清晰。

4.5.6 本条规定了防火窗的设置要求。活动式防火窗应设有自动关闭装置和手动控制装置,其任意一侧的火灾探测器报警后,应自动关闭,并应将关闭信号反馈至消防控制室;活动式防火窗,接到消防控制室发出的关闭指令后,应自动关闭,并应将关闭信号反馈至消防控制室;安装在活动式防火窗上的温控释放装置动作后,活动式防火窗应在 60 s 内自动关闭。

4.5.8 防火卷帘、防护罩等与楼板、梁和墙、柱之间的空隙,应采用防火封堵材料等封堵,封堵部位的耐火极限不应低于防火卷帘的耐火极限。

4.5.10 防火卷帘的系统功能包括:防火卷帘控制器的火灾报警功能、自动控制功能、手动控制功能、机械操作功能、故障报警功能、控制速放功能、备用电源功能;防火卷帘用卷门机的手动操作功能、电动启闭功能、自重下降功能、自动限位功能;防火卷帘的运行平稳性、电动启闭运行速度、运行噪声等。

4.6 竖井、管线防火和防火封堵

4.6.1,4.6.2 条文规定了竖向管井的设置要求。由于建筑内的竖井上、下贯通,一旦发生火灾,易沿竖井竖向蔓延,因此,要求采取防火措施。建筑中的管道井、电缆井等竖向管井是烟火竖向蔓延的通道,需采取在每层楼板处用相当于楼板耐火极限的不燃材料等防火措施分隔。

4.6.4 穿越墙体、楼板的风管或排烟管道设置防火阀和排烟防火阀,其目的是防止烟气和火势蔓延到不同的区域。在阀门之间的管道采取防火保护措施,可保证管道不会因受热变形而破坏整个分隔的有效性和完整性。

4.6.5 建筑变形缝会使火灾通过变形缝内的可燃填充材料蔓

延,烟气也会通过变形缝等竖向结构缝隙扩散到全楼。因此,要求变形缝内的填充材料、变形缝在外墙上的连接与封堵构造处理和在楼层位置的连接与封盖的构造基层采用不燃烧材料。为了消除变形缝的火灾危险因素,保证建筑物的安全,因此变形缝内不应敷设电缆、可燃气体管道和甲、乙、丙类液体管道等。在建筑使用过程中,变形缝两侧的建筑可能发生位移等现象,故应避免将一些易引发火灾或爆炸的管线布置其中。当需要穿越变形缝时,应采用穿刚性管等方法,管线与套管之间的缝隙应采用不燃材料、防火材料或耐火材料紧密填塞。

4.7 防烟分区

4.7.4 挡烟垂壁标牌应牢固、标识清楚,金属零部件表面无明显凹痕或机械损伤,各零部件的组装处、拼接处无错位。

4.7.5 根据现行行业标准《挡烟垂壁》XF 533 的要求,挡烟垂壁的挡烟高度最小值不应低于 500 mm,最大值不应大于企业申请检测产品型号的公示值;采用不燃无机复合板、金属板材、防火玻璃等材料制作刚性挡烟垂壁的单节宽度不应大于 2 000 mm;采用金属板材、无机纤维织物等制作柔性挡烟垂壁的单节宽度不应大于 4 000 mm。由两块或两块以上的挡烟垂帘组成的连续性挡烟垂壁,各块之间不应有缝隙,搭接宽度不应小于 100 mm。

4.8 安全疏散与避难

4.8.1～4.8.8 条文规定了安全疏散与避难的设置要求。建筑的安全疏散和避难设施主要包括疏散门、疏散走道、安全出口或疏散楼梯(包括室外楼梯)、避难走道、避难间或避难层、疏散指示标志和应急照明,有时还要考虑疏散诱导广播等。安全出口和疏散门的位置、数量、宽度,疏散楼梯的形式和疏散距离,避难区域的防火保护措施,对于满足人员安全疏散至关重要。而这些与建筑的高度、楼层或一个防火分区、房间的大小及内部布置、室内空间高度和可燃物的数量、类型等关系密切。因此,对待不同场所、不同部位应仔细核查其设计文件与疏散和避难设施的设置情况。

4.8.9 本条为现行国家标准《建筑防火通用规范》GB 55037 强制条文。

4.9 重点部位和特殊场所

4.9.2 消防控制室防水淹措施的挡水门槛或室内外高差不应小于 200 mm。消防水泵房采用挡水门槛、室内外高差或者设置排水沟等方式防水淹的,挡水门槛或高差不应小于 200 mm。

4.9.4 本条规定中的"儿童活动场所"主要指设置在建筑内的儿童游乐厅、儿童乐园、儿童培训班、早教中心等类似用途的场所。"老年人照料设施"中的老年人公共活动用房指用于老年人集中休闲、娱乐、健身等用途的房间,如公共休息室、阅览或网络室、棋牌室、书画室、健身房、教室、公共餐厅等。

4.9.8、4.9.9 条文规定了消防控制室、消防水泵房防水淹措施的设置要求。在实际火灾中,有不少消防水泵房和消防控制室因被淹或进水而无法使用,严重影响自动消防设施的灭火、控火效果,影响灭火救援行动。因此,既要通过合理确定这些房间的布置楼层和位置,也要采取门槛、排水措施等方法防止灭火或自动喷水等灭火设施动作后的水积聚而致消防控制设备或消防水泵、消防电源与配电装置等被淹。

4.10 防爆和泄压

4.10.2 泄压设施宜采用轻质屋面板、轻质墙体和易于泄压的门、窗等,应采用安全玻璃等在爆炸时不产生尖锐碎片的材料。

泄压设施的设置应避开人员密集场所和主要交通道路,并宜靠近有爆炸危险的部位。作为泄压设施的轻质屋面板和墙体的质量不宜大于 60 kg/m²。屋顶上的泄压设施应采取防冰雪积聚措施。

4.10.3 生产过程中,甲、乙类厂房内散发的较空气重的可燃气体、可燃蒸气、可燃粉尘或纤维等可燃物质,会在建筑的下部空间靠近地面或地沟、洼地等处积聚。为防止地面因摩擦打出火花引发爆炸,要避免车间地面、墙面因为凹凸不平积聚粉尘。甲、乙、丙类液体,如汽油、苯、甲苯、甲醇、乙醇、丙酮、煤油、柴油、重油等,一般采用桶装存放在仓库内。此类库房一旦着火,特别是上述桶装液体发生爆炸,容易在库内地面流淌,设置防止液体流散的设施,能防止其流散到仓库外,避免造成火势扩大蔓延。防止液体流散的基本做法有两种:一是在桶装仓库门洞处修筑漫坡,一般高为 150 mm～300 mm;二是在仓库门口砌筑高度为150 mm～300 mm 的门槛,再在门槛两边填沙土形成漫坡,便于装卸。

4.10.4 使用和生产甲、乙、丙类液体的厂房,发生事故时易造成液体在地面流淌或滴漏至地下管沟里,若遇火源即会引起燃烧或爆炸,可能影响地下管沟行经的区域,危害范围大。甲、乙、丙类液体流入下水道也易造成火灾或爆炸。为避免殃及相邻厂房,规定管、沟不应与相邻厂房相通,下水道应设隔油设施。但是,对于水溶性可燃、易燃液体,采用常规的隔油设施不能有效防止可燃液体蔓延与流散,而应根据具体生产情况采取相应的排放处理措施。

5 结构防火

5.1 一般规定

5.1.1 施工前,钢结构表面的锈迹、锈斑应彻底除掉,因为它影响涂层的粘结力;除锈之后要视具体情况进行防锈处理,对大多数钢结构而言,需要涂防锈底漆,所使用的防锈底漆与防火涂料应不发生化学反应。

5.1.3 墙体包括砖砌体、混凝土小型空心砌块砌体、填充墙等。

5.3 钢结构防火

5.3.1 本条规定了防火保护材料的进场检验要求。

    1 钢结构的防火保护可采用下列措施之一或其中几种的复(组)合:①喷涂(抹涂)防火涂料;②包覆防火板;③包覆柔性毡状隔热材料;④外包混凝土、金属网抹砂浆或砌筑砌体。

    2 钢结构防火保护材料的使用直接关系到结构构件的耐火性能,关系到结构的耐火能力与防火安全。因此,防火保护材料必须选用经过检验的合格产品,并应注意其检验报告的有效性。

    3 防火保护材料的隔热性能对结构的耐火能力至关重要,对其质量应从严要求。考虑到隔热性能试验周期较长、费用较高,因此本标准要求对预应力钢结构、跨度大于或等于 60 m 的大跨度钢结构、高度大于或等于 100 m 的高层建筑钢结构所采用的防火保护材料进行见证取样检验。

    4 非膨胀型防火涂料和防火板、毡状防火材料等按照现行国家标准《建筑钢结构防火技术规范》GB 51249 实测的等效热传导系数不应大于设计取值,其允许偏差为+10%;膨胀型防火涂料按照现行国家标准《建筑钢结构防火技术规范》GB 51249实测的等效热阻不应小于设计取值,其允许偏差为-10%。

5 质量证明文件检查、一致性核查(包括型号、名称、颜色、有效期等)应合格。防火涂料、防火板、柔性毡状防火材料等防火保护材料的质量应合格,并应具备由具有法定条件和相应资质的认证机构(检验检测机构)出具的自愿性产品认证证书(型式检验报告)。

5.3.2 钢结构防火保护工程是防腐涂装工程的后续施工,因此本条特别强调要求防腐涂装检验合格后方可进行防火保护工程的施工。对于膨胀型防火涂料,应在防腐底漆、中间漆涂装检验合格后进行,防腐面漆的施工应在膨胀型防火涂料涂装检验合格后进行。

防腐涂装的检验应按下列要求进行:

检查数量:按同类构件基数抽查10%,且均不应少于3个。

检查方法:表面除锈采用铲刀检查以及现行国家标准《涂覆涂料前钢材表面处理表面清洁度的目视评定 第1部分:未涂覆过的钢材表面和全面清除原有涂层后的钢材表面的锈蚀等级和处理等级》GB 8928.1规定的图片对照检查。底漆涂装用干漆膜测厚仪检查,每个构件检测5处,每处的数值为3个相距50 mm测点涂层干漆膜厚度的平均值。

5.3.3 本条规定了钢结构防火涂料的施工要求。

1 钢结构防火涂料的施工厚度,应与其型式检验报告对应的耐火性能一致。一种型号的钢结构防火涂料,通过其在一定厚度时对应的耐火性能,不能推算出其他厚度时对应的耐火性能,而应当提供对应该厚度的检验报告。

2 膨胀型钢结构防火涂料最小厚度不应小于1.5 mm,非膨胀型钢结构防火涂料最小厚度不应小于15 mm。当采用膨胀型钢结构防火涂料时,其厚度误差不应大于设计厚度的-5%且不应大于一0.2mm；当采用非膨胀型钢结构防火涂料涂装时，80％涂层面积的厚度应达到国家现行标准及设计的要求，平均厚度的允许偏差应为设计厚度的±10％，且平均厚度的允许偏差应为±2mm，最薄处厚度不应低于设计要求的85％。

　　3　检查时，每一构件选取至少5个不同的涂层部位。膨胀型（超薄型、薄涂型）防火涂料应采用涂层厚度测量仪检测；非膨胀型（厚涂型）防火涂料的涂层厚度应采用现行国家标准《钢结构工程施工质量验收标准》GB 50205 规定的方法检测。

5.3.4　采用防火板将钢构件包覆封闭起来，可起到很好的防火保护效果。防火板根据其密度可分为低密度、中密度和高密度防火板，根据其使用厚度可分为防火薄板和防火厚板两大类。防火板保护层厚度的允许偏差应为设计厚度的±10％，且平均厚度的允许偏差应为±2mm。检查时，每一构件选取至少5个不同的部位，用游标卡尺测量其厚度；防火板保护层厚度为测点厚度的平均值。

5.3.5　柔性毡状材料防火保护层的厚度允许偏差为设计厚度的±10％，且平均厚度的允许偏差应为±3mm。柔性毡状材料防火保护层的厚度大于100mm时，应分层施工。

5.3.6　混凝土保护层、砌体保护层的允许偏差为设计厚度的±10％，且平均厚度的允许偏差应为±5mm。砂浆保护层的允许偏差为设计厚度的±10％，且平均厚度的允许偏差应为±2mm。检查时，每一构件选取至少5个不同的部位。

5.3.8　防火板安装的现场拉拔强度允许偏差应为设计值的－10％。

5.4　木结构防火

5.4.1　木构件防火处理有阻燃药物浸渍处理和防火涂层处理两类。为保证阻燃处理或防火涂层处理的施工质量，应由专业队伍施工。

5.4.2 木构件表面覆盖石膏板可提高耐火性能,但石膏板有防火石膏板和普通石膏板之分,为改善木构件的耐火性能必须用防火石膏板,防火石膏板应有合格证书。

5.4.3 对高温管道穿越木结构构件或敷设的规定,与现行国家标准《木结构设计规范》GB 50005 一致。

5.4.4 紧固件(钉子或木螺钉)贯入构件的深度应符合表 1 的规定。

表 1　紧固件(钉子或木螺钉)贯入构件的深度

耐火极限	墙体		顶棚	
	钉	木螺钉	钉	木螺钉
0.75 h	20 mm	20 mm	30 mm	30 mm
1.00 h	20 mm	20 mm	45 mm	45 mm
1.50 h	20 mm	20 mm	60 mm	60 mm

5.5　其他结构防火

5.5.1 铝合金结构的防火措施,目前通常采用有效的水喷淋系统来进行防护。防火涂料对铝合金材料影响较大,铝合金材料容易与其他材料发生电化腐蚀。因此,需确保检验报告和合格证书的有效性。

6 建筑装饰装修

6.2 室内装饰装修

6.2.1、6.2.2 结合对装修范围内平面布置的检查,核实建筑内部装修是否存在减少安全出口、疏散出口、疏散走道数量和缩小疏散走道宽度的问题。疏散走道两侧和安全出口附近不得设置有误导人员安全疏散的反光镜子、玻璃等装修材料。

6.2.4 本条规定了室内装饰装修材料的燃烧性能的进场检验及见证取样检验要求。需要进行见证取样的工程及材料种类依据上海市建筑内装修材料消防见证取样相关规定,在进行消防验收时,应对建筑材料燃烧性能的见证取样报告对照设计文件要求进行核查。

6.2.5 本条规定了装饰装修中各类有燃烧性能要求材料的取样检验要求。

纺织织物材料现场进行的阻燃处理,阻燃剂必须完全浸透织物纤维;多层纺织织物,应逐层进行阻燃处理。

木质材料现场进行阻燃处理前,表面不得涂刷油漆;涂刷或浸渍阻燃剂时,应对木质材料所有表面都进行涂刷或浸渍,阻燃剂吸收干量应符合相关要求;粘贴装饰表面或阻燃饰面时,应先对木质材料进行阻燃处理;涂刷防火涂料时,应对木质材料的所有表面进行均匀涂刷,且不应少于 2 次,第二次涂刷应在第一次涂层表面干后进行;涂刷防火涂料用量不应少于 $500 \ \text{g/m}^2$。

6.4 建筑幕墙

6.4.2 建筑外墙上、下层开口之间应设置高度不小于 1.2 m 的实体墙或挑出宽度不小于 1.0 m、长度不小于开口宽度的防火挑檐;当室内设置自动喷水灭火系统时,上、下层开口之间的实体墙高度不应小于 0.8 m。当上、下层开口之间设置实体墙确有困难时,可设置防火玻璃墙,但高层建筑的防火玻璃墙的耐火完整性不应低于 1.00 h,多层建筑的防火玻璃墙的耐火完整性不应低于 0.50 h。外窗的耐火完整性不应低于防火玻璃墙的耐火完整性要求。

住宅建筑外墙上相邻户开口之间的墙体宽度不应小于 1.0 m;小于 1.0 m 时,应在开口之间设置凸出外墙不小于 0.6 m 的隔板。

实体墙、防火挑檐和隔板的耐火极限和燃烧性能,均不应低于相应耐火等级建筑外墙的要求。

6.4.4 幕墙当受到火烧或受热时,易破碎或变形,甚至造成大面积的破碎、脱落事故,如不采取一定措施,会造成火势在水平和竖直方向蔓延而酿成大火。幕墙的上、下层开口之间及相邻户开口之间的填充材料常有岩棉、玻璃棉、硅酸铝棉等不燃材料。受震动和温差影响,存在脱落、开裂等问题。

6.5 建筑屋面

6.5.1 同工程项目、同施工单位且同时施工的多个单位工程(群体建筑),可合并计算面积。

6.5.5 屋面的窗、洞口、玻璃采光顶等设置对火灾的排烟起到决定性作用,其设置应符合相关要求,现场应全数检查。

6.5.7 可熔性采光带(窗)燃烧不能产生熔滴,其目的是保护进入火灾现场的消防人员不被高温的熔滴烫伤。因此,应严格控制易熔采光板的性能。可熔性采光带(窗)是指当发生火灾时,采光带(窗)遇明火迅速燃烧,形成排烟洞口,可以将燃烧区域内的浓烟迅速排到建筑物外,有效减少/避免因浓烟呛死人的情况发生。

因此,可熔性采光带(窗)是自然排烟方式的一种,其安装的位置和面积应符合相关要求。

6.6 围护系统保温

6.6.3 防火隔离带是设置在可燃、难燃保温材料外墙外保温工程中,按水平方向分布,采用不燃保温材料制成,以阻止火灾沿外墙面或在外墙外保温系统内蔓延的防火构造。采用燃烧性能为B₁级的保温板时,应设置水平防火隔离带。防火隔离带应沿楼板或门窗洞口上方位置设置。采用 A 级保温板的复合板作为防火隔离带时,其高度不应小于 600 mm,且应与基层墙体满粘。

7 消防给水和水灭火系统

7.1 一般规定

7.1.2 隐蔽工程验收记录应形成记录表,表中填写工程名称、隐蔽项目、隐蔽部位(层、轴线、标高)、隐蔽日期、隐蔽依据、施工图图号、设计变更/洽商(编号)及有关国家现行标准等。同时应注明主要材料名称及规格、型号、详细工程构造、材料等及附图。涉及的隐蔽验收具体内容包括:市政水源、管径、数量;消防水池有效容积;消防水箱喇叭口淹没高度等。

7.2 材料设备进场

7.2.1 主要设备、系统组件包括消防水泵、消防稳压泵、消防水泵控制柜、消火栓及其组件、报警阀组、电动(磁)阀、低压压力开关、流量开关、消防水泵接合器、喷头、水流指示器、倒流防止器、自动跟踪定位射流灭火装置及其探测装置和控制装置、固定消防炮、消防炮控制柜(箱、盘)、泡沫产生器、泡沫混合装置等。盛装100％型水成膜泡沫液的压力储罐、动力瓶组及驱动装置应符合压力容器相关标准的规定。

7.2.2 各种管材管件应符合表 2 所列相应标准的规定。

表 2 消防给水管材及管件标准

序号	管材及管件	国家现行标准
1	低压流体输送用镀锌焊接钢管	《低压流体输送用焊接钢管》GB/T 3091
2	输送流体用无缝钢管	《输送流体用无缝钢管》GB/T 8163

序号	管材及管件	国家现行标准
3	柔性机械接口铸铁管和管件	《水及燃气用球墨铸铁管、管件和附件》GB/T 13295
4	离心铸造球墨铸铁管和管件	《水及燃气管道用球墨铸铁管、管件和附件》GB/T 13295
5	流体输送用不锈钢无缝钢管	《流体输送用不锈钢无缝钢管》GB/T 14976
6	沟槽式管接件	《自动喷水灭火系统　第11部分:沟槽式管接件》GB 5135.11
7	钢丝网骨架塑料(PE)复合管	《钢丝网骨架塑料(聚乙烯)复合管》CJ/T 189

闸阀、截止阀、球阀、蝶阀和信号阀等通用阀门,应符合现行国家标准《通用阀门压力试验》GB/T 13927 和《自动喷水灭火系统　第 6 部分:通用阀门》GB 5135.6 等的有关规定;自动排气阀、减压阀、泄压阀、止回阀等阀门性能,应符合现行国家标准《通用阀门压力试验》GB/T 13927、《自动喷水灭火系统　第 6 部分:通用阀门》GB 5135.6、《压力释放装置性能试验规范》GB/T 12242、《减压阀性能试验方法》GB/T 12245、《安全阀　一般要求》GB/T 12241、《阀门的检验和试验》GB/T 26480 等的有关规定。

7.2.3　通用产品主要包括自动排气阀、减压阀、泄压阀、止回阀等阀配件,以及流量计、压力表、水位计、组合式消防水池、屋顶消防水箱、地下水取水、地表水取水设施、气压水罐及其附件等,应符合国家相关产品标准的规定。

7.3　消防水源

7.3.2　本条规定了消防水池、消防水箱的施工和安装要求。水池进水后整体重量较重,特别在楼层内或屋顶的水池,其安装位置一般由承重结构支撑,随意变换位置,将影响到结构的受力分布,同时妨碍维保人员正常通行。

　　钢筋混凝土制作的消防水池的进出水等管道应加设防水套管,钢板等制作的消防水池的进出水等管道宜采用法兰连接,对有振动的管道应加设柔性接头。组合式消防水池的进出水管接头宜采用法兰连接,采用其他连接时应作防腐处理。

　　本条对消防车用水取水口的设置要求作了规定,主要为了发生火警时取水方便,同时保证有足够的水源。

7.3.3　无管道的侧面,净距不宜小于 0.7 m;安装有管道的侧面,净距不宜小于 1.0 m,且管道外壁与建筑本体墙面之间的通道宽度不宜小于 0.6 m;设有人孔的池顶,顶板面与上面建筑本体板底的净空不应小于 0.8 m。

7.4　供水设施

7.4.1　本条对消防水泵的安装提出了要求。消防泵组生产厂家较多,属于比较成熟的产品,出厂前都经过质量检验合格,现场安装时一般无需拆卸;确需拆卸的,应委托厂家进行,施工单位不得随意拆卸,以免降低消防泵组的装配精度,影响其功能的正常发挥。

　　水泵混凝土基础强度合格、外形几何尺寸精确、坐标位置正确是保证消防泵组安装质量的前提条件之一。因此,必须进行复核。

　　以底座作为基准水平面,便于消防泵组的精度调整;以水泵法兰端面为基准,有利于管道观感质量的控制。

　　对立式水泵的减振装置提出要求,主要基于立式泵重心较高,与基础连接的接触面较少,采用弹簧减振稳定性较差。

　　内燃机驱动的水泵运转时,将产生大量高温废气,需要排至室外;同时为了防止排气管道热量的散发,需对排气管进行隔热保温,一般采用不锈钢成品排气管。

7.4.2 本条对消防水泵吸水管及其附件的安装提出了要求。消防水泵吸水管的正确安装是消防水泵正常运行的根本保证。吸水管上应安装过滤器，避免杂物进入水泵。同时该过滤器应便于清洗，确保消防水泵的正常供水。吸水管上安装控制阀是便于消防水泵的维修。先固定消防水泵，然后再安装控制阀门，以避免消防水泵承受应力。不应采用没有可靠锁定装置的蝶阀，其理由是一般蝶阀的结构在使用中受振动时，阀瓣容易变位带来不良后果。对夹式蝶阀在管道充满水后存在很难开闭甚至无法开闭的情况，这与对夹式蝶阀的构造有关，故不允许使用对夹式蝶阀。沉降不均匀可能造成消防水泵吸水管受内应力，将会造成消防水泵损坏。消防吸水管采用偏心异径管，可有效避免气蚀产生。对消防水泵出水管的安装要求作了规定。压力表的缓冲装置可以是缓冲弯管，或者是微孔缓冲水囊等方式，既可保护压力表，也可使压力表指针稳定。

多功能水泵控制阀具有水力自动控制、启泵时缓开、停泵时先快闭后缓闭的特点，兼有水泵出口处水锤消除器、闸（蝶）阀和止回阀三种产品的功能，有利于消防水泵自动启动和供水系统安全。

7.4.4 本条对消防气压给水设备的安装要求作了规定。消防气压给水设备是一种比较成熟和完善的提供压力水的设备。在设备的安装过程中，只要不发生碰撞且进水管、出水管、充气管的标高、管径等符合相关要求，其安装质量是能够保证的。

7.4.5 本条给出了消防水泵控制柜及其机械应急启动柜安装的技术规定。当控制柜及启动柜安装于水泵房内时，为确保控制柜及启动柜的防护等级，线槽应采用下部引入控制柜及启动柜的方式。

7.4.6 本条规定了消防水泵接合器的安装要求。消防水泵接合器的安装顺序，尤其重要的是止回阀的安装方向一定要保证水通过接合器进入系统。墙壁消防水泵接合器安装位置不宜低于

0.7 m,是考虑消防队员便于于操作。消防水泵接合器与门、窗、孔、洞保持不小于2.0 m的距离,主要考虑消防队员人身安全。

7.4.7 本条对消防气压给水设备上的附件安装要求作了规定。主要是保证附件的选用与气压给水设备相匹配,确保安装质量。

7.4.8 本条规定了消防水泵接合器的阀门井应有防水和排水设施是为了防止井内长期灌满水,阀体锈蚀严重,无法使用。

7.5 消火栓灭火系统

7.5.1 本条对倒流防止阀的安装技术作了规定。倒流防止阀主要防止不洁净水倒流入主管从而污染市政或生活水源。因此,安装时应符合相关要求,避免由于安装不当而影响其功能的发挥或适得其反。

7.5.3 本条对球墨铸铁管、钢管管道的施工技术要求作了规定。

7.5.4 本条对消火栓箱的安装作了规定,主要是为了保证消火栓箱的安装质量,暗装不得影响墙体的耐火极限。当消火栓门采用装饰门时,其开启角度也要满足要求。另外,对汽车库内安装消火栓箱的要求进行补充。

7.5.6 本条对消火栓按钮设置作了规定,主要是为了保证着火情况下,任何一处按钮都能及时启动水泵。

7.5.7 本条对室外消火栓的安装位置及标志作了规定,主要是为了保证实用、便于操作。上海地区不建议采用DN150栓口的室外消火栓。当安装部位火灾中存在可能落物危险时,上方应采取防坠落物撞击的措施;当安装部位存在机械易撞击地点时,应采取防撞措施;各项安装尺寸应符合相关要求,当无设计要求时,大出水口栓口中心线距地面的距离宜为450 mm,允许偏差为±20 mm。

7.5.8 本条规定的目的是防止由于局部管道冰冻,阻碍管道内水的流动或者致使管道破裂,从而影响灭火救灾。

7.5.9 本条对消火栓、阀门井等设置位置的标识作了规定,主要是为了在发生火警时能及时投入使用。

7.6 自动喷水灭火系统

7.6.1 本条对报警阀组的安装程序、安装条件和安装位置作了明确规定。报警阀组是自动喷水灭火系统的关键组件之一,它在系统中起着启动系统、确保灭火用水畅通、发出报警信号的关键作用。当设计无要求时,报警阀组应安装在便于操作的明显位置,距室内地面高度宜为1.2 m;两侧与墙的距离不应小于0.5 m;正面与墙的距离不应小于1.2 m;报警阀组凸出部位之间的距离不应小于0.5 m。

7.6.2 本条对报警阀组的附件安装要求作了规定,这里所指的附件是各种报警阀均需的通用附件。压力表是报警阀组必须安装的测试仪表,安装时除要确保密封外,主要要求其安装位置应便于观测。排水管和试验阀其安装位置应便于操作。水源控制阀既要确保操作方便,又要有开、闭位置的明显标志,它的开启位置是决定系统在喷水灭火时消防用水能否畅通,从而满足要求的关键。

7.6.3 本条对湿式报警阀组的安装要求作了规定。湿式系统在准工作状态时,其报警阀前后管道中均应充满设计要求的压力水。能否顺利充满水,而且在水源压力波动时不发生误报警,是湿式报警阀组安装的最基本要求。报警水流通路上的过滤器是为防止水源中的杂质流入水力警铃堵塞报警进水口,其位置应装在延迟器前,且便于排渣操作。实际测试时,开启阀门以小于一个喷头的流量放水,观察压力开关及警铃是否动作。

7.6.5 雨淋阀组可采用电动开启、传动管开启或手动开启。预作用系统雨淋阀组后的管道若需充气,其安装应按干式报警阀组有关要求进行。

7.6.7 水力警铃和报警阀的连接应采用热镀锌钢管。当镀锌钢管的公称直径为 20 mm 时,其长度不宜大于 20 m。操作方法为开启阀门放水,水力警铃启动后测试声强。

7.6.8 本条对喷头安装时注意的几个问题提出了要求,目的是防止在安装过程中对喷头造成损伤,影响其性能的发挥。安装时,不应对喷头进行拆装、改动,并严禁给喷头、隐蔽式喷头的装饰盖板附加任何装饰性涂层。

7.6.9 本条规定了水流指示器的安装要求。水流指示器在安装时要求电器元件部位水平向上安装在水平管段上,主要为了防止管道凝结水滴入电器部位,造成损坏。随意变动水流指示器的安装位置,不利于系统投入使用后的维护保养,甚至可能造成消控中心按地址编码编入程序的该水流指示器与实际位置不符。

7.6.10 系统中所使用的各种控制阀门,其规格、型号和安装位置应严格按设计要求,安装后的阀门应处于要求的正常工作状态。特别强调了主控制阀应设置启闭标志,便于随时检查控制阀是否处于要求的启闭位置,以防意外。对安装在隐蔽处的控制阀,应在外部做指示其位置的标志,以便需要操作此阀时,能及时准确地找出其位置。

7.6.11 本条对末端试水装置的安装作了规定,主要是为了便于操作人员检查、试验、维修。

7.6.13 本条规定主要是针对自动喷水灭火系统区域控制中同时使用信号阀和水流指示器而言的,这些要求是为了便于检查两种组件的工作情况和便于维修与更换。

7.6.14 本条对自动排气阀的安装要求作了规定,主要是为了防止自动排气阀损坏和堵塞,安装在顶端便于排气。本条对倒流防止器的安装作了规定,管道冲洗以后安装可以减少不必要的麻烦。用在消防管网上的倒流防止器进口前不允许使用过滤器或者使用带过滤器的倒流防止器,是因为过滤器的网眼可能被水中的杂质堵塞而引起紧急情况下的供水中断。安装在水平位置,以便于泄放水顺利排干,必要时也允许竖直安装,但要求排水口配备专用弯头。倒流防止器上的泄水阀一般不允许反向安装。

7.6.15 本条规定是为了防止压力开关、信号阀、水流指示器的引出线进水,影响其性能。

7.7 自动跟踪定位射流灭火系统

7.7.1 本条规定了探测装置的安装要求和注意事项。

7.7.2 本条规定了灭火装置的安装要求和注意事项。

　　1 要求在灭火装置安装前应完成管网试压和冲洗,是为了避免管网内有杂物影响灭火装置的使用,以及确保管路正常、无泄漏。

　　2 自动消防炮和喷射型射流灭火装置在使用中会有水平和俯仰回转动作,在射流灭火时还会产生较大的后坐力;喷洒型射流灭火装置在工作中由于喷射反力会产生旋转运动。如果安装不牢固,灭火装置可能产生松动而影响火源定位和射流打不准目标,甚至造成灭火装置损坏或掉落等意外发生。

　　3 灭火装置周围不得有干扰其回转动作的物体或构件。

　　4 与灭火装置连接的管线也应固定牢固,不能阻碍灭火装置的回转动作。

7.7.3 本条规定了控制装置的安装要求和注意事项。

　　控制装置在安装前应进行基本功能检查。在实际工程中,有些控制装置,特别是在高处安装的控制装置在厂家技术人员调试过程中发现故障时,现场往往已经不具备维修和更换的施工条件,很多施工单位此时即便知道高空设备存在问题,但存侥幸心理及因施工麻烦和施工成本等问题不愿再次施工。因此,控制装置在安装前应进行自动、手动等控制功能检查,目的是筛选出由于运输和现场保管等原因而损坏的设备,从而提高系统工程质量。具体的检查方法是:施工单位在厂家技术人员的指导下,在地面上采用临时电源、线缆将相关设备连接,通过现场手动控制盘操作检查相关设备的各项手动功能(对自动消防炮灭火系统和喷射型自动射流灭火系统应进行灭火装置上、下、左、右方向以及水柱/喷雾动作、开阀、关阀、手动/自动转换等功能检查,对喷洒型射流灭火系统应进行开阀、关阀等功能检查);手动操作各项功能正常后,将设备转为自动,采用打火机或其他火源作为诱发火近距离进行探火和模拟定位功能检查,自动和手动控制功能均正常后方可进行安装。

7.8 固定消防炮灭火系统

7.8.1 本条对消防炮的安装作了规定,目的是保证消防水流的覆盖范围符合相关要求,防止出现覆盖盲区,同时保证消防炮在使用过程中不产生振动。

7.9 水喷雾灭火系统

7.9.1 本条规定了喷头的安装要求。

  1 喷头的规格、型号应符合相关要求,切不可误装,而且喷头的安装要在系统试压、冲洗合格后进行。因为喷头的孔径较小,若系统管道冲洗不干净,异物容易堵塞喷头,影响灭火效果。

  2 喷头在安装时要牢固、规整,不能拆卸或损坏喷头上的附件,否则会影响使用。

  3 顶部安装的喷头要安装在保护对象上部,其安装高度要严格按设计要求进行。

  4 侧向安装的喷头要安装在被保护物的侧面并对准保护物体。侧向喷洒要考虑水雾的射程,尤其是正偏差不要太大。

7.10 细水雾灭火系统

7.10.1 本条规定了储水瓶组、储气瓶组的安装要求。

瓶组系统启动灭火时,其储存的驱动气体压力较高,释放时间很短,瓶组在释放驱动气体时会受到冲击而发生振动、摇晃等。因此,在安装时需要将储存容器用耐久的支架固定牢靠。瓶组系统中的储存容器及其他设备一经验收合格投入使用,就需长期经历所处环境条件影响,需要对固定支架进行防腐处理。瓶组容器上安装的压力表,应朝向操作面,便于读取数据。

7.11 泡沫灭火系统

7.11.1 泡沫液储罐周围应留有满足检修需要的通道,其宽度不宜小于 0.7 m,且操作面不宜小于 1.5 m;当泡沫液储罐上的控制阀距地面高度大于 1.8 m 时,应在操作面处设置操作平台或操作凳。

7.11.2 本条对泡沫液压力储罐的安装作了规定。泡沫液压力储罐上设有槽钢或角钢焊接的固定支架,而地面上设有混凝土浇筑的基础,采用地脚螺栓将支架与基础固定。因为泡沫液压力储罐进水管有 0.6 MPa~1.2 MPa 的压力,而且通过压力式比例混合装置的流量也较大,有一定的冲击力,所以固定必须牢固可靠。另外,泡沫液压力储罐是制造厂家的定型设备,其上设有安全阀、进料孔、排气孔、排渣孔、人孔和取样孔等附件,出厂时都已安装好,并进行了试验。因此,在安装时不得随意拆卸或损坏,尤其是安全阀更不能随便拆动,安装时出口不应朝向操作面,否则影响安全使用。

7.11.3 为了显示储罐内所盛泡沫液的信息,方便使用及日常维护管理,在储罐上需要设置铭牌,标识泡沫液种类、型号、出厂日期和灌装日期、有效期及储量等内容,另外要注意,不同种类、不同牌号的泡沫液是不能混存的,混存会对泡沫液的性能产生不利影响,尤其是成膜类泡沫液混入其他类型泡沫液后,会破坏其成膜性。

7.12 系统试压和冲洗

7.12.1 本条中的强度试验、严密性试验和冲洗应符合下列要求：

1 强度试验和严密性试验用水的水质应符合相关要求，宜用清水进行。

2 干式消火栓系统、干式喷水灭火系统、预作用喷水灭火系统应进行水压试验和气压严密性试验。

3 系统试压前应具备下列条件：

1）埋地管道的位置及管道基础、支墩等经复查应符合相关要求。

2）试压用的压力表不应少于 2 只，精度不应低于 1.6 级，量程应为试验压力值的 1.5 倍～2 倍。

3）试压冲洗方案应经施工单位技术负责人批准。

4）对不能参与试压、冲洗的设备、仪表、阀门及附件应加以隔离或拆除；加设的临时盲板应具有凸出法兰的边耳，且应做明显标志，并记录临时盲板的数量。

4 系统试压过程中，当出现泄漏时，应停止试压，并应放空管网中的试验介质，消除缺陷后，重新再试。

5 系统试压完成后，应及时拆除所有临时盲板及试验用的管道，并应与记录核对无误。

系统的水源干管、进户管和室内埋地管道应在回填前单独或与系统一起进行水压强度试验和水压严密性试验。

7.12.2 本条对管道的气压试验取值标准、试验程序、试验介质等作了明确规定。要求系统经历 24 h 的气压考验，因漏气而出现的压力下降不超过 0.01 MPa，这样才能使系统为保持正常气压而不需要频繁地启动空气压缩机组。空气或氮气作试验介质，既经济、方便，又安全可靠，且不会产生不良后果。

7.12.3 本条对管道系统水压试验取值标准、试验程序、环境温度等作了明确规定。规定系统水压强度试验压力值和试验时间的要求,以保证系统在实际灭火过程中能承受最大工作压力。管道水压强度试验的试验压力应符合表 3 的规定。

表 3 管道水压强度试验的试验压力

管材类型	系统工作压力 P(MPa)	试验压力(MPa)
钢管	$\leqslant 1.0$	$1.5P$,且不应小于 1.4
	>1.0	$P+0.4$
球墨铸铁管	$\leqslant 0.5$	$2P$
	>0.5	$P+0.5$
钢丝网骨架塑料复合管	P	$1.5P$,且不应小于 0.8

7.12.4 本条对管道的冲洗程序、技术要求等作了明确规定。水冲洗是自动喷水灭火系统工程施工中的一个重要工序,是防止系统堵塞、确保系统灭火效率的措施之一。系统冲洗合格后,及时将存水排净,有利于保护冲洗成果。冲洗应符合下列要求:

1 冲洗用水的水质应符合相关要求,宜用清水进行。

2 冲洗顺序应先室外、后室内,先地下、后地上;室内部分的冲洗应按配水干管、配水管、配水支管的顺序进行。地上管道与地下管道连接前,应在配水干管底部加设堵头后再对地下管道进行冲洗。

3 冲洗前,应对系统的仪表采取保护措施,并对管道支架、吊架进行检查,必要时应采取加固措施。对不能经受冲洗的设备和冲洗后可能存留脏物、杂物的管段,应进行清理。

4 水流流速、流量不应小于系统设计的水流流速、流量;水平管网冲洗时,其排水管位置应低于配水支管。

5 水流方向应与灭火时管网的水流方向一致。

6 冲洗直径大于 100 mm 的管道时,应对其死角和底部进行敲打,但不得损伤管道。

7 冲洗应连续进行。当出口处水的颜色、透明度与入口处水的颜色、透明度基本一致时,冲洗方可结束。

8 冲洗宜设临时专用排水管道,其排放应畅通和安全,排水管道的截面面积不得小于被冲洗管道截面面积的 60%。

9 冲洗结束后,应将管网内的水排除干净,必要时可采用压缩空气吹干。

7.13 系统调试

7.13.1 本条对消防水泵的调试作了明确规定。对消防泵投入正常运行的时间严格要求,是出于确保系统的灭火效率。

7.13.2 消防稳压泵的功能是使系统能保持准工作状态时的正常水压。本条是根据消防稳压泵的基本功能而提出的要求。

7.13.3 本条规定了消防给水系统控制柜的调试和测试技术要求。

7.13.4 消防水泵接合器是系统在火灾时供水设备发生故障,不能保证供给消防用水时的临时供水设施。特别是在室内消防水泵的电源遭到破坏或被保护建筑物已形成大面积火灾,灭火用水不足时,其作用更显得突出,故应通过试验来验证消防水泵接合器的供水能力。

7.13.5 本条对报警阀组调试作了规定。报警阀的功能是接通水源、启动水力警铃报警、防止系统管网的水倒流。按照本条具体规定进行试验,即可分别有效地验证湿式、干式报警阀及其附件的功能是否符合设计和施工规范要求。雨淋阀调试宜利用检测、试验管道进行。

7.13.6 本条对减压阀调试作了规定。减压阀特别是消防给水所用减压阀一般长期不用,其可靠性必须验证,故规定了减压阀的试验验收技术要求。

7.13.7 本条对室内消火栓的流量、压力测试提出了要求。取屋顶试验消火栓进行试射试验,有条件时,应选择系统每个分区最不利点处,模拟系统设计流量选择相应的消火栓接水带、水枪进行测试。对消火栓口静水压力作了规定,主要是防止出水压力过高,操作人员无法把控水枪,甚至可能伤害到操作人员。

7.13.8 本条对室外消火栓的流量、压力测试提出了要求,以检验其使用效果。

7.13.9 本条对固定消防炮的功能测试及压力测试提出了要求,以检验消防炮的操控性能及其使用效果。通过模拟设计工况,进行静压力测试及试射,以检验系统是否达到设计要求。

7.13.10 本条对自动喷水灭火系统、水喷雾系统的流量、压力测试提出了要求。通过现场喷放试验,能更直观地检测系统的使用效果,以检验系统是否达到设计要求。

7.13.11 本条规定了系统联锁控制的调试方法及要求。现场试验可验证火灾自动报警系统与本系统投入灭火时的联锁功能,并可较直观地显示系统的部件和整体的灵敏度与可靠性是否达到设计要求。

7.13.12 在设计、安装和维护管理上,忽视系统排水装置的情况较为普遍。已投入使用的系统,有的试水装置被封闭在天棚内,根本未与排水装置接通,有的报警阀处的放水阀也未与排水系统相接,因而根本无法开展对系统的常规试验或放空。因此,本条作出明确规定,以引起设计、施工单位的充分重视。

7.13.13 按现行国家标准《消防给水及消火栓系统技术规范》GB 50974 的规定,消火栓按钮的动作信号不宜作为直接启动消防水泵的开关,但可作为发出报警信号的开关或启动干式消火栓系统的快速启闭装置。

7.13.14 本条规定主要为了直观了解消防系统各控制分区及其阀门开启情况,便于系统运行、维护与检修。

8 防排烟系统及通风与空调系统

8.2 材料设备进场

8.2.1 风管材料的厚度以满足系统的功能需要为前提,本条从保证风管质量的角度出发,对常用的钢板风管的最低厚度进行了规定,见表 4。

8.2.2、8.2.3 风管的制作材料有金属、非金属和复合材料。无论采用哪种材料,必须为不燃或难燃材料。在一些场所需要采用特殊要求的风管,则应根据设计要求和国家现行标准的规定选择达到相应耐火极限的材料制作。对于风管耐火极限的判定应按照现行国家标准《通风管道耐火试验方法》GB/T 17428 的规定进行测试,当耐火完整性和隔热性同时达到要求时,方能视作符合要求。

表 4　风管钢板或镀锌钢板厚度

风管直径 D 或 长边尺寸 b(mm)	送风系统(mm)		排烟系统 (mm)
	圆形风管	矩形风管	
D(b)≤320	0.50	0.50	0.75
320<D(b)≤450	0.60	0.60	0.75
450<D(b)≤630	0.75	0.75	1.00
630<D(b)≤1 000	0.75	0.75	1.00
1 000<D(b)≤1 500	1.00	1.00	1.20
1 500<D(b)≤2 000	1.20	1.20	1.50
2 000<D(b)≤4 000	按设计要求	1.20	按设计要求

8.2.4～8.2.9 强调风管部件、风机、活动挡烟垂壁、自动排烟窗进场应检验的内容。部件动作性能、驱动装置和活动挡烟垂壁、自动排烟窗的驱动装置应着重检验其动作是否可靠。各进场部件、设备的质量及技术资料应齐全,其生产厂家、产品名称、系列型号应与合格证明文件、设计文件技术要求一致。

8.3 风管制作及安装

8.3.1,8.3.2 此两条规定了金属风管、非金属风管制作和连接的基本要求。风管是系统的重要组成部分,风管由于结构的原因,少量漏风是正常的,也是不可避免的。但是过量的漏风则会影响整个系统功能的实现,因此,提高风管的加工和制作质量是非常重要的。金属风管法兰及螺栓规格见表 5 和表 6。

表 5　金属圆形风管法兰及螺栓规格

风管直径 D(mm)	法兰材料规格(mm)		螺栓规格
	扁钢	角钢	
$D \leqslant 140$	20×4	—	M6
$140 < D \leqslant 280$	25×4	—	
$280 < D \leqslant 630$	—	25×3	
$630 < D \leqslant 1\,250$	—	30×4	M8
$1\,250 < D \leqslant 2\,000$	—	40×4	

表 6　金属矩形风管法兰及螺栓规格

风管长边尺寸 b(mm)	法兰材料规格(mm)	螺栓规格
$b \leqslant 630$	25×3	M6
$630 < b \leqslant 1\,500$	30×3	M8
$1\,500 < b \leqslant 2\,500$	40×4	
$2\,500 < b \leqslant 4\,000$	50×5	M10

8.3.3 风管的强度和严密性是风管加工和制作质量的重要指标之一,是保证防排烟系统正常运行的基础。强度的检测主要检查耐压能力,以保证系统正常运行的性能。允许漏风量是指在系统工作压力条件下,系统风管的单位表面积在单位时间内允许空气泄漏的最大数量。该检验方法与国际通用标准相一致。

8.3.4 本条对风管系统安装中的基本质量验收要求作出了规定。

8.3.5 本条规定了风管系统安装后应进行系统严密性检验的要求。

8.4 部件安装

8.4.1 排烟防火阀的安装方向、位置会影响动作功能的正常发挥,故应准确;防火分区隔墙两侧的排烟防火阀离墙越远,则对穿越墙的管道耐火性能要求越高,阀门功能作用越差,故条文予以要求;设置独立支、吊架,以保证阀门的稳定性,确保动作性能;设明显标识是为了方便维护管理。

8.4.3 本条对送风口、排烟阀(口)的安装要求作了规定。为了防止火灾时烟气被吸引至排烟阀(口)周围而将附近可燃物高温辐射起火,条文规定了其与可燃物应保持不小于1.5 m的距离。

8.4.4 本条规定了常闭送风口、排烟阀(口)手动操作装置的安装质量及位置要求。在有些情况下,常闭送风口,特别是排烟阀(口)安装在建筑空间的上部,不便于日常维护、检修,火灾时的特殊情况下到阀体上应急手动操作更是不可能,故应将常闭送风口、排烟阀(口)的手动操作装置安装在明显可见、距楼地面1.3 m~1.5 m之间便于操作的位置,以提高系统的可靠性和方便日常维护检修。

8.4.5 本条规定了挡烟垂壁的安装质量要求。活动挡烟垂壁在火灾时根据控制信号自动下垂,将烟气围在一定的区域内,以确保防烟分区划分的有效性。因此,要保证其严密性。

8.4.6 本条规定了排烟窗的安装质量要求。排烟窗的设置位置、开启方式及开启的有效性等因素将影响火灾时烟气的排放。

8.5 风机安装

8.5.1 防排烟风机是特定情况下的应急设备,发生火灾紧急情况时,并不需要考虑设备运行所产生的振动和噪声。而减振装置大部分采用橡胶、弹簧或二者的组合,当设备在高温下运行时,橡胶会变形溶化、弹簧会失去弹性或性能变差,影响排烟风机可靠的运行,故安装排烟风机时不宜设减振装置。当与通风空调系统合用风机时,也不应选用橡胶或含有橡胶减振装置。

8.5.2 本条强调排烟风机的出风口与加压送风机进口之间的安装间距,保证送风机进口不被污染。

8.5.3 本条对送风机、排烟风机至墙壁或其他设备的距离作了规定,主要目的是便于风机的维护保养。

8.5.4 本条规定了吊装风机的支、吊架应按其荷载和使用场合进行选用,并应符合设计和设备文件的要求,以保证安装稳定、可靠。

8.5.5 本条对风机转动件的外露部位、直通大气的进出风口的敞口位置规定了保护措施,防止风机对人的意外伤害。

8.6 系统调试

8.6.1~8.6.5 条文对系统中运用的主要部件单机调试的内容及应达到的功能作了规定。

8.6.6 风机的选型是根据系统本身要求的性能参数所决定的,而安装位置、安装方式又对风机的性能参数影响很大,如果实测风机风量风压与铭牌标定值或设计要求相差很大,就很难使该正压送风系统或排烟系统达到规范要求,需对系统风机的安装或选型作出调整。

8.6.7 本条规定了在机械加压送风系统调试中测试各相应部位性能参数应达到设计要求。若各相应部位的余压值出现低于或高于设计标准要求,均应采取措施予以调整。测试应分上、中、下多点进行。

8.6.8 本条规定了在机械排烟系统调试中,测试排烟口风速、风机排烟量及补风系统各性能参数,以检测设备选型及施工安装质量应达到的设计要求。

8.6.9~8.6.12 条文规定了机械加压送风系统、机械排烟系统、自动排烟窗和活动挡烟垂壁的联动要求。一旦发生火灾,火灾自动报警系统应能联动送风机、送风口、排烟风机、排烟口、自动排烟窗和活动挡烟垂壁等设备动作,以保证机械加压送风系统和排烟系统的正常运行。

9 建筑电气

9.1 一般规定

9.1.1 建筑电气是建筑工程的一个分部工程,施工应符合现行国家标准《建筑电气工程施工质量验收规范》GB 50303 的有关规定。消防应急照明和疏散指示系统作为建筑电气的一个分项工程,安装应符合现行国家标准《消防应急照明和疏散指示系统技术标准》GB 51309 的有关规定。

9.1.2 防火封堵是否符合要求,是施工验收时必检的项目。本条规定了应采取防火封堵的部位和技术要求。

9.2 材料设备进场

9.2.1 本条规定了电线、电缆、耐火电缆槽盒、耐火母线槽、消防应急照明和疏散指示系统设备、组件、应急供电电源柜、导管的进场检验要求,这些材料设备的质量证明文件检查、一致性核查等进场检验应合格,且进场检验应符合现行国家标准《建筑电气工程施工质量验收规范》GB 50303 的有关规定。其中,阻燃电线电缆的燃烧性能、耐火电线电缆的耐火性能,与电线电缆构成的化学成分有关,在施工现场无法判定。因此,当有异议时,应送至由具有法定条件和相应资质的检验检测机构进行检测。阻燃及耐火电线、电缆见证取样可参照现行国家标准《建筑电气工程施工质量验收规范》GB 50303 执行。

9.3 消防电源及其配电

9.3.1 消防电源的负荷等级由设计单位确定。施工单位应按设计文件施工,如有修改,应得到原设计单位的许可。

9.3.2 消防人员灭火时要切断现场电源,如消防配电线路没有与其他动力照明配电线路分开敷设,易将消防配电电源一并切除,致使消防用电设备不能正常工作。

9.3.3 发电机有手动和自动两种启动方式,为尽快使自备发电机发挥作用,规定自动启动时间不应大于 30 s。

9.3.4 EPS 应急电源装置宜用作照明系统的备用电源,适用于电感性及混合性的照明负荷。为保证接入 EPS 应急电源装置的消防设备正常用电,本条规定了接入 EPS 应急电源装置消防负荷容量。

9.3.5 应急电源装置通常用于消防设备的应急供电,一旦发生火灾事故必须无条件供电,以确保事故发生后的应急处理。施工设计中对消防设备的用电容量、允许过载能力、电源转换时间都有明确的规定,应急电源订货时就应要求厂家按设计要求的技术参数进行配置,并进行出厂检验。安装中应对相关参数进行核实。当对电池性能、极性及电源转换时间有异议时,由于施工现场条件所限无法进行测试,故应由厂家负责现场测试。消防系统安装完成后应按设计要求进行动作试验,这也是消防验收所必须做的工作。

9.3.6 由于消防应急照明灯具和灯光疏散指示标志的重要性,需要检验消防应急照明灯具和灯光疏散指示标志的备用电源的连续供电时间的技术参数,应符合设计规定,一般不低于 30 min。现场切断正常供电电源,测试应急工作状态下正常发光的持续时间。

9.3.7 采取隔热保护措施是保证末端消防配电(控制)箱正常工

作的措施之一,施工单位应按设计图纸的要求进行施工。

9.3.8 本条是为保障消防设施正常运转所作出的规定,以自动和手动的方式各进行 1 次～2 次试验。

9.3.9 本条规定了消防用电设备配电线路在建筑内敷设的具体要求。

9.3.10 为避免误操作,应设置方便在紧急情况下操作的明显标志。如清晰、简捷易读的说明及指示标牌等。

9.4 电力线路及电器装置

9.4.1 本条规定了配电线路敷设的技术要求,除执行本条规定外,尚应符合现行国家标准《建筑电气工程施工质量验收规范》GB 50303 的相应规定。

9.4.3 电缆敷设方式有沿支架、托盘、梯架、槽盒或直埋等多种形式。电缆的用途也各不相同,按功能分有正常供配电和应急或事故用供配电电缆;按电压等级分有高压、低压电缆;按用途分有动力、照明和控制电缆。不同用途或电压等级的电缆,其敷设方式、排列要求各有不同,这些是由设计单位在设计文件中作出规定的,施工单位在施工中按设计要求进行施工就可以了。由于矿物绝缘电缆的硬度相对较高,规定在温度变化大或振动场所或穿越建筑物变形缝等部位采取补偿措施是为避免出现电缆变形和位移等状况。

9.4.4 绝缘导线因无护套,无导管或槽盒保护易导致绝缘导线受损,发生触电和火灾等事故。

9.4.6 在爆炸危险环境的电气设备的金属外壳、金属构架、安装在已接地的金属结构上的设备、金属配线管及其配件、电缆保护管、电缆的金属护套等非带电的裸露金属部分,均应接地;引入爆炸危险环境的金属管道、配线的钢管、电缆的铠装及金属外壳,必须在危险区域的进口处接地。

9.4.7 超过 60 W 的卤钨灯、高压钠灯、金属卤灯光源等灯具的表面温度高,如安装在木构件上,易将这些可燃物引燃。

9.4.8 本条规定了照明器具的高温部位不应靠近可燃物以及靠近时应采取的防火保护措施,预防和减少这类事故的发生。标有 ▽ 或 ▽̄ 符号的灯具不属此列,因为这类灯具即使由于元件故障造成的过高温度也不会使安装表面过热,可直接安装在普通可燃材料的表面。

9.4.9 聚光灯通常指具有直径小于 0.2 m 的出光口并形成一般不大于 20°发散角的集中光束的投光灯。由于聚光灯和类似灯具将光线集中于一点,如果距离易燃被照物体过近,很容易形成高温而引发火灾。

9.4.10 高压钠灯、金属卤化物灯管(泡)工作时温度较高,电源线应远离灯具表面。

9.4.11 可燃材料仓库内不应设置卤钨灯等高温照明灯具,配电箱及开关宜设置在仓库外。

9.4.12 本条规定了塑料电工套管的施工要求。

9.4.13 本条是为了安全,特别是有软包装装修的场所电气防火安全作出的规定。

9.5 消防应急照明和疏散指示系统

9.5.1 本条规定是为了在发生火灾时,不影响疏散人员的视线和阻碍人员的撤离。

9.5.2 经常检查消防应急灯具的各种状态指示是日常管理的常态工作,本条规定主要是为了方便检查和操作人员的观察和操作。

9.5.3 消防应急标志灯不应安装在燃烧墙体和燃烧装修材料上,是为了确保其工作的可靠性;其安装位置、标志灯之间间距应符合现行国家标准《消防应急照明和疏散指示系统技术标准》GB

51309 的有关规定。

9.5.4 本条规定了消防应急标志灯、消防应急照明灯、应急照明控制器、集中电源、应急照明配电箱的安装要求。

    1 消防应急标志灯的安装应符合下列规定：

        1) 标志灯安装在疏散走道、通道上方，当室内高度不大于 3.5 m 时，标志灯底边距地面的高度宜为 2.2 m～ 2.5 m；当室内高度大于 3.5 m 时，特大型、大型、中型标志灯底边距地面高度宜为 3.0 m～6.0 m。

        2) 标志灯安装在疏散走道、通道转角处的上方或两侧时，标志灯与转角处边墙的距离不应大于 1.0 m。

        3) 当安全出口或疏散门在疏散走道侧边时，在疏散走道增设的方向标志灯应安装在疏散走道的顶部，且标志灯的标志面应与疏散方向垂直，箭头应指向安全出口或疏散门。

        4) 标志灯安装在疏散走道、通道的地面上时，应安装在疏散走道、通道的中心位置；标志灯的所有金属构件应采用耐腐蚀构件或作防腐处理；标志灯配电、通信线路的连接应采用密封胶密封；标志灯表面应与地面平行，高于地面距离不应大于 3 mm，标志灯边缘与地面垂直距离高度不应大于 1 mm。

        5) 楼层标志灯应安装在楼梯间内朝向楼梯的正面墙上，灯具底边距楼地面高度宜为 2.2 m～2.5 m。

        6) 出口标志灯应安装在安全出口或疏散门内侧上方居中的位置；受安装条件限制标志灯无法在门框上侧安装时，可安装在门的两侧，但门完全开启时标志灯不能被遮挡。当室内高度不大于 3.5 m 时，出口标志灯灯具底边距门框距离不应大于 200 mm；当室内高度大于 3.5 m 时，特大型、大型、中型出口标志灯灯具底边距楼地面宜为 3.0 m～6.0 m。当采用吸顶式或吊装式安装时,出口标志灯距安全出口或疏散门所在墙面的距离不宜大于 50 mm。

7）在安全出口、疏散出口附近设置的多信息复合标志灯，应安装在安全出口、疏散出口附近疏散走道、疏散通道的顶部，且标志灯的标志面应与疏散方向垂直，指示疏散方向的箭头应指向安全出口和疏散出口。

2 消防应急照明灯的安装应符合下列规定：

1）安装位置应符合相关要求。

2）宜安装在棚顶上且应均匀布置。

3）吊装时应使用金属吊管，吊管上端应固定在建筑物实体或构件上。

4）受条件限制安装在走道侧面墙上时，安装高度不应在距地面 1.0 m～2.0 m 之间；在距地面 1.0 m 以下墙上安装时，应保证光线照射在灯具的水平线以下。

3 应急照明控制器、集中电源、应急照明配电箱的安装应符合下列规定：

1）控制器的主电源应有明显标志，与消防电源及其外接备用电源之间应直接连接。

2）应急照明控制器、集中电源、应急照明配电箱不带电的金属外壳应与 PE 线可靠连接，并有明显标志。

3）应急照明控制器、应急照明配电箱在墙上安装时，其底边距地（楼）面高度宜为 1.3 m～1.5 m，正面操作距离不应小于 1.2 m；落地安装时，其底边宜高出地坪 0.1 m～0.2 m。

4）应急照明控制器、集中电源、应急照明配电箱应安装牢固，不得倾斜，安装在轻质墙上时应采取加固措施。

5）应急照明控制器的控制线路应单独穿管。

9.5.5 本条规定了消防应急标志灯和消防应急照明灯、应急照明集中电源、应急照明集中控制器的调试要求。集中控制型系统和非集中控制型系统应在非火灾状态下进行系统功能测试和火灾状态下的系统控制功能调试,其系统功能应符合现行国家标准《消防应急照明和疏散指示系统技术标准》GB 51309 的规定。

9.5.6 本条规定了系统供配电的调试方法和要求。

10 火灾自动报警系统

10.2 材料设备进场

10.2.1 本条规定了材料、设备及配件进入施工现场前文件检查内容。火灾自动报警系统检验报告中未包括的配接产品接入系统时,应提供系统兼容性检验报告或证明文件。

10.2.2、10.2.3 电线、导管、槽盒应符合现行国家标准《建筑电气工程施工质量验收规范》GB 50303 的有关规定。槽盒选用耐火槽盒时,应符合现行国家标准《耐火电缆槽盒》GB 29415 的有关规定。

10.3 布 线

10.3.1 本条规定是为了确保穿线顺利。若不做固定,在施工过程中将发生跑管现象。最好用单独的卡具,防止其他设备检修的影响。

10.3.2 本条规定是为了增加机械强度,防止弧垂很大,确保工程质量。

10.3.3 本条规定是为了确保系统正常运行的稳定可靠。

10.3.4 在多尘或潮湿的场所,为防止灰尘和水汽进入管内引起导电,影响工程质量,故规定在管路的管口和管路连接处均应作密封处理。

10.3.5 因管路太长和弯头太多,会使穿线时发生困难,故作本条规定。

10.3.6 本条规定是为保证管子与盒子不脱落,导线不至于穿在管路和盒子外面,确保工程质量。

10.3.7 现行国家标准《火灾自动报警系统设计规范》GB 50116 对导线的种类及电压等级有明确要求,因此应依据此规范及设计文件要求进行布线。有些施工单位使用导线的颜色五花八门,有时接错,有时找不到线,影响调试与运行。为了避免上述问题,最低要求把"+"与"-"区分开来,其他线路不作统一规定,但同一工程中相同用途的绝缘导线颜色应一致。

10.3.8 本条根据现行国家标准《建筑电气工程施工质量验收规范》GB 50303 提出相应要求。但在敷设环境不理想的条件下,往往绝缘电阻值达不到 20 MΩ,由于每个厂家的主机对地短路设计标准值都不相同,在实际施工中带负载的绝缘测试可按 1 MΩ 为标准。

10.3.10 本条规定是为了确保系统的可靠运行及便于维护。

10.3.11 积水影响线路的绝缘,在穿线前必须将管槽内积水及杂物清除干净,以确保穿线顺利,提高系统运行的可靠性。

10.4 控制器类设备安装

10.4.1 本条按现行国家标准《火灾自动报警系统施工及验收规范》GB 50166 的规定编写。落地安装时,为了防潮,规定距地面应有一定距离。控制器要求安装牢固,不得倾斜,其目的在于美观,并避免运行时因墙不坚固而脱落,影响使用。

10.4.2 本条规定是为了规范施工,便于日后维修。

10.4.3 按消防设备通常要求,控制器的主电源应与消防电源连接,严禁用插头连接,这有利于消防设备安全运行,也为了防止用户经常拔掉插头另作他用。

10.4.4 控制器的接地是系统正常与安全可靠运行的保证。接地不牢固往往造成系统误报或其他不正常现象发生,故控制器的接地必须牢固。

10.4.5 本条规定是为了预留维修空间,便于日后维护。

10.4.6 本条规定是为了规范施工,防止发生乱接、错接损坏设备的现象,并能避免信号干扰。

10.5 探测器类设备安装

10.5.1～10.5.3 按现行国家标准《火灾自动报警系统设计规范》GB 50116 的规定编写。

10.5.4,10.5.5 缆式线型火灾探测器一般分为定温式、差温式和差定温式。由于报警原理不同,缆式线型定温火灾探测器一般采用 S 型布置捆绑安装在电缆表面,而缆式线型差温火灾探测器突破了传统接触式布设的局限,适用于悬吊、架空安装在公路隧道、停车库顶棚、综合管廊等顶部位置。

10.5.6～10.5.10 按现行国家标准《火灾自动报警系统施工及验收规范》GB 50166 的规定编写。规范探测器的安装,确保系统的可靠运行。

10.5.11 本条是电气火灾探测器的安装技术要求。电气火灾监控探测器包括剩余电流式和测温式。对于低压系统,安装的温度传感器宜采用接触式布置。使用新型探测器应符合相关要求。

10.5.12 本条归纳了探测器底座安装的要求。

10.5.13 探测器报警确认灯面向便于人员观察的主要入口,是为了让值班人员能迅速找到哪只探测器报警,便于及时处理事故。

10.5.14 本条是外观检查要求,紧固件、插接件无松动是保证系统正常工作的前提之一。

10.6 其他设备安装

10.6.1 本条按现行国家标准《火灾自动报警系统施工及验收规

范》GB 50166 的规定编写,目的在于方便调试、维修,确保正常工作。干粉灭火、泡沫灭火系统的手自动控制转换装置、启动和停止按钮的安装应与气体灭火系统的安装要求保持一致。

10.6.2 为保证系统运行可靠作此规定。

10.6.3 本条是考虑发生火灾时扬声器、火灾警报装置、喷洒光警报器等能更好地发挥作用,便于疏散人员。

10.6.4 本条是考虑使用方便,便于安装。

10.6.5 本条主要考虑电池工作特性、安全性,为系统提供应急供电系统的冗余性。

10.6.7 本条对系统模块的安装作了相关规定。模块分散安装时应用模块盒作为保护,明装时应将模块底盒安装在预埋盒上,暗装时应将模块底盒预埋在墙内或安装在专用装饰盒上。

10.6.8 本条对消防设备电源监控系统传感器的安装作了相关规定。电压传感器、电压/电流传感器对消防设备电源进行 24 h 监测,当其发生过压、欠压、缺相、过流、中断供电等故障时,消防电源监控器实时显示电压、电流值及故障点位,同时发出声光报警并记录故障信息。传感器的安装不能影响供电主回路的正常工作。

10.6.9 本条对防火门监控系统的安装作了相关规定。防火门监控系统主要由防火门监控器、监控分机、常开式防火门监控模块、常闭式防火门监控模块、防火门定位装置和释放装置组成,主要功能是接收火灾报警控制器的火警信息后,控制常开防火门关闭,接收常开、常闭防火门关闭状态的反馈信号。门磁开关的安装不能破坏防火门的防火性能和密闭性能。

10.7 系统接地

10.7.1 本条规定主要是为了保证使用人员及设备的安全。

10.7.2~10.7.5 按现行国家标准《智能建筑工程施工规范》

GB 50606 的规定编写。

10.7.6 本条规定是为了确保隐蔽工程的质量,保证系统的正常运行。

10.8 系统调试

10.8.1~10.8.7 此几条按照现行国家标准《火灾自动报警系统施工及验收规范》GB 50166 的规定编写。

10.8.8 按照最新验收规范,消火栓按钮已纳入火灾自动报警系统的设备,故对其作独立的功能测试的要求。在该区域收到探测器报警信号后再使消火栓按钮动作,消防联动控制器应启动消防泵。

10.8.10~10.8.12 按照现行国家标准《火灾自动报警系统施工及验收规范》GB 50166 的有关规定执行。

10.8.13 本条是对火灾自动报警系统的联调,也就是说在系统联调之前各项设备、系统均经过调试并已合格后,将这些设备及系统连接组成完整的火灾自动报警系统对其进行联调,按设计的联动逻辑关系,报警联动启动及手动启动、停止,进行操作检查、测试(对于启动后不能恢复的受控现场设备,可模拟现场设备启动反馈信号)。进行联调的目的是检查整个系统的关系功能是否符合国家现行标准和设计的联动逻辑关系要求,全面调试系统的各项功能。

10.8.14 本条对消防水泵、防烟和排烟风机的控制设备应具备的两种控制方式作了明确的要求。

10.8.15 本条对系统报警响应时间、联动响应时间及连续工作时间作了相关规定。

10.8.16 本条对消防控制室与城市"119"中心正常通信作了相关规定。

10.8.17 本条对消防控制器上的铭牌和标识作了相关规定。

10.8.18 本条对设有消防设施物联网系统的建筑作了相关规定。

11 电 梯

11.1 一般规定

11.1.1 本条规定了本章节的适用范围。

11.1.2 本条仅对电梯与消防系统相关的内容作了规定,电梯具体的施工质量应符合国家现行有关标准的规定。

11.1.3 本条对电梯安装前相关的内容验收提出了要求,以确保电梯安装的前道工序是符合电梯安装要求的。

11.2 设备材料进场

11.2.1 本条规定了材料、设备及配件进入施工现场前文件检查内容。设备材料进场应符合相关要求和国家现行有关标准的规定,并应具有质量证明文件,应经具备法定条件和相关资质的检验检测机构检测合格。产品的质量合格证明文件应符合设计文件中的技术参数要求,且与产品本身进行一致性核查。

11.2.2 本条规定了电梯随机文件的检查内容。

11.3 安装和调试

11.3.1 查看建筑类型和建筑规模,核对设置消防电梯场所;查看每个防火分区消防电梯设置的位置和数量。

11.3.3 建筑内的竖井上、下贯通一旦发生火灾,易沿竖井竖向蔓延。因此,要求电梯井独立设置,并对电梯井内的管道、电缆、电线有严格的要求。

11.3.4 本条规定了消防电梯停靠楼层的要求。交接检验时,对照消防设计文件现场核查电梯层门预留孔;电梯调试时,核查消防电梯停靠相应楼层的功能。

11.3.5 高层建筑的火灾扑救,常常是以一个战斗班为一组,计有 7 名~8 名消防队员,携带灭火器具同时到达起火层。若消防电梯载重量过小,会影响初期火灾扑救。因此,规定了消防电梯载重量不应小于 800 kg 是必要的。轿厢内净面积不小于 1.4 m²,其作用在于满足必要时搬运大型消防器具和抢救伤员。

11.3.6 消防电梯的行驶速度应符合现行国家标准《消防员电梯制造与安装安全规范》GB/T 26465 的要求。高层建筑火灾的扑救,要尽快地将火灾扑灭在初起阶段。这就能大大减少火灾对人员安全的威胁,使火灾造成的损失大大减小。为此,对消防电梯的行驶速度作了必要的规定。该项检查应用秒表测试消防电梯由首层直达顶层的运行时间。

11.3.7 消防电梯内设置专用电话和视频监控系统的终端设备,方便消防状态时与消防控制中心联系。操作检查时,使用消防电梯轿厢内电话与消防控制中心进行 1 次~2 次通话试验,通话语音应清晰,检查视频监控系统功能。

11.3.8 操作检查时,对每个消防队员专用操作按钮的功能进行 1 次~2 次测试。专用操纵按钮是消防电梯特有的装置,其设在首层靠近电梯轿厢门的开锁装置内。火灾时,消防队员使用此按钮的同时,常用的控制按钮失去效用。专用操纵按钮使电梯降到首层,以保证消防队员的使用。

11.3.9 消防电梯轿厢装修材料不燃化,有利于提高自身的安全性,相应的不燃材料用于轿厢内装修的规定是必要的。

11.3.10 消防灭火过程中会产生大量的水,为确保消防电梯的正常使用,其动力和控制线缆与控制面板的连接处、控制面板的外壳应采取防水措施。

11.3.11 灭火过程中有大量的水流出,不让电梯井进水是不可能的。因此,在消防电梯井底设排水设施是非常重要的,一般采取在电梯井底设置专用排水井,将流入水池的水抽至室外。

11.3.12 应在首层设供消防队员专用的操作按钮,当操作按钮动作或火灾自动报警系统联调时,消防电梯应能实现迫降并反馈信号;非消防电梯迫降首层后应停用。操作检查时,按消防设计文件要求模拟火灾状态,控制电梯停于首层,并打开电梯门。

11.3.13 操作检查时,以自动和手动的方式各进行 1 次~2 次试验。当发生火灾时,火灾自动报警系统会联动切除非消防电源(设计有要求时),为确保消防电梯供电的可靠性,消防电梯电源应采用双路供电,在末端实现自动切换。

11.3.14 电梯层门是设置在电梯层站入口的封闭门,即梯井门。其耐火性能应符合相关要求。

11.3.15 消防配电线路是否安全,直接关系消防用电设备在火灾时能否正常运行。因此,本条对消防电梯所使用的电线、电缆提出了阻燃和耐火要求。

11.3.16 根据现行国家标准《火灾自动报警系统设计规范》GB 50116 的要求,电梯运行状态信息和停于首层或转换层的反馈信号应传送至消防控制室显示。

11.3.17,11.3.18 当采用电梯辅助人员疏散时,该电梯的性能和电梯的建筑设置均需要满足消防电梯的相关要求。在消防电梯前室内设置非消防电梯时,非消防电梯本身的防火性能也应符合消防电梯的要求,以防止非消防电梯发生火灾影响消防电梯的安全使用。

11.3.19 为了控制消防救火过程中的水流通过消防电梯间前室进入消防电梯井,故建议在消防电梯间门口设挡水措施。

12 其他灭火系统

12.1 一般规定

12.1.1 其他灭火系统根据国家现行标准有气体灭火系统、厨房设备灭火装置、探火管灭火装置等。考虑本标准是建筑工程消防施工验收规范,因此本标准参照现行国家标准《建筑设计防火规范》GB 50016 的分类,将气体灭火系统、厨房设备灭火装置、探火管灭火装置作为本标准其他灭火系统的范畴。

12.2 气体灭火系统

12.2.1、12.2.2 此两条规定了防护区或保护对象、防护区安全设施、储存装置间、与灭火系统配套的火灾报警、灭火控制装置、其他联动设备的验收内容、方法及数量。其中,防护区安全设施关系人员安全;储存装置间的位置将影响系统的结构,我国目前一些工程设计中已确定好储存装置间的位置,但施工时往往变动,使得灭火剂输送管道也随之变化,因此在系统工程验收时,应进行检查。通道、耐火等级、应急照明及地下储存装置间机械排风装置等要求,关系人员安全,应予重视,故列入系统工程验收内容。

12.2.3 本条规定了气体灭火设备和灭火剂输送管道的相关技术参数及安装质量验收的方法和数量。其中,管道施工质量是否合格是系统的重要检查内容,管道施工质量将影响气体灭火系统使用效果和使用寿命;气体灭火系统的喷嘴是系统中较为重要和技术要求较高的组件,其主要功能是控制灭火剂的喷射速率及分布状况,故喷嘴的数量、型号、规格、安装位置和方向等均对灭火剂的喷射性能甚至能否扑灭火灾有重要作用。在系统工程验收时，应对这些项目重新检查确认，以防差错。

12.2.4～12.2.7 规定了气体灭火系统功能验收的方法和检查数量。系统功能验收是整个系统验收的核心，是通过对全系统进行实测来验证系统各部分功能是否达到设计要求，为以后系统的正常运行提供可靠保障。

12.3 厨房设备灭火装置

12.3.1 本条规定了管道安装完毕后应进行水压强度试验和吹扫，防止装置投入使用后发生堵塞。管道强度试验是对装置管道整体结构、接口、承载管架等进行的一种超负荷考验。冲洗和吹扫的检查方法可参照现行国家标准《气体灭火系统施工及验收规范》GB 50263。

12.3.2 本条明确了对喷嘴的安装要求，其目的是保护喷嘴，防止异物堵塞，影响灭火剂喷效果。管道施工过程中，由于冲洗不净或冲洗管道时杂物进入已安装喷嘴的管件部位，容易造成喷嘴被堵塞。为防止上述情况发生，喷嘴的安装应在管道试压、冲洗合格后进行。

12.3.3 本条规定了厨房设备灭火装置调试的内容，其目的是保证该装置能起到预期作用。模拟启动试验的目的在于检测控制装置的动作正确性和可靠性。模拟喷放试验的目的在于检测厨房设备灭火装置动作可靠性和管道连接的正确性。模拟主、备用电源切换试验的目的在于检查备用电源和操作装置连接的正确性和可靠性。测试方法可参照现行国家标准《气体灭火系统施工及验收规范》GB 50263。

12.3.4 本条参照现行国家标准《气体灭火系统施工及验收规范》GB 50263 制定。为防止异物进入管网堵塞喷嘴，规定管道连接前应检查内腔，确保无异物。为防止装置在喷放时有冲击、振动和摇晃,规定管道应用支、吊架进行固定。

12.4 探火管灭火装置

12.4.1 灭火剂储存容器的充装量是通过设计计算后确定的,充装量小于设计值会影响灭火效果,安装前检查灭火剂储存容器内的充装量与充装压力是保证装置可靠灭火的根本。

12.4.3 本条规定了探火管及释放管的安装要求。当被保护对象为电线电缆时,宜将探火管随电线电缆敷设,并应采用专用的管夹固定。

12.4.4 本条规定了间接式探火管灭火装置模拟喷放试验的方法和检查数量。直接式探火管灭火装置进行模拟喷放试验动作时,探火管会被破坏,需重新更换探火管,更换后的探火管与试验探火管不具有同一性。模拟喷放试验应符合现行国家标准《气体灭火系统施工及验收规范》GB 50263 和《干粉灭火系统设计规范》GB 50347 的规定。

13 质量验收

13.1 一般规定

13.1.1 本条规定了分部工程消防质量验收前,消防设施检测的必要性。

13.1.2 本条规定了建筑消防设施检测的内容。

13.1.3 本条规定了可燃气体和甲、乙、丙类液体管道的敷设的验收要求。

13.1.4 本条规定了特殊消防设计的建设工程验收的重点内容。

13.2 实体检验

13.2.1 对已完工的工程进行实体检验,是验证工程质量的有效手段之一。通常,只有对涉及安全或重要功能的部位采取这种方法验证。本条规定对工程整体消防质量影响较大的建筑构造、重点部位,包括防火墙、建筑构件和管道井、屋顶、闷顶和建筑缝隙、疏散楼梯间和疏散楼梯、防火门、窗和防火卷帘、天桥、栈桥和管沟、建筑保温和外墙装饰等建筑构造,以及其他影响建筑耐火等级的主要建筑构件等,都应按照要求进行实体检验。

13.3 验收的程序和组织

13.3.1 本条规定了建筑工程消防施工质量验收的程序,按检验批、分项工程、子分部工程、分部工程的程序进行。其中,检验批、分项工程验收应结合施工过程检查进行。验收中有距离、宽度、长度、面积、厚度等内容时，施工质量允许偏差应符合要求；当本标准无具体规定时，可参照现行行业标准《建设工程消防验收评定规则》XF 836 中关于施工允许误差的要求，允许偏差应为设计值的±5％，且不应影响正常使用的功能。

13.4　工程消防质量验收

13.4.1　本条是对建筑工程消防施工质量检验批验收合格条件的基本规定。检验批是工程验收的最小单位，是分项工程、分部工程、单位工程质量验收的基础，应注意对于"一般项目"不能作为可有可无的验收内容，验收时应要求一般项目亦应"全部合格"。当发现不合格情况时，应返工修理。只有当难以修复时，对于采用计数检验的验收项目，才允许适当放宽，即有 80％以上的检查点合格即可通过验收。

13.4.2　分项工程的验收是以检验批为基础进行的。一般情况下，检验批和分项工程二者具有相同或相近的性质。分项工程质量合格的条件是构成分项工程的各检验批验收资料齐全完整，且各检验批均已验收合格。

13.4.4　本条规定了子分部工程质量验收的具体要求。分项工程应全部合格，资料完整，且主要使用功能的抽样检验结果符合相应规定。

13.4.5　分部工程的验收是以所含各分项工程验收为基础进行的。本条规定了分部工程验收的具体要求，同时组成分部工程的各分项工程已验收合格且相应的质量控制资料齐全、完整。

13.5　施工质量资料管理

13.5.1　消防施工质量资料应该是与施工过程同步形成的。

13.5.2　施工过程中形成的各项资料应经过分类和整理，提交竣工验收。